"陆地生态系统修复与固碳技术"教材体系

安黎哲　总主编

OPENING AND SHARING OF PARKS AND GREEN LOW-CARBON LIFE

公园开放共享与绿色低碳生活

戈晓宇　李　雄　杜春兰◎主编

中国林业出版社
CFPH China Forestry Publishing House

内容简介

《公园开放共享与绿色低碳生活》属于“陆地生态系统修复与固碳技术”教材体系，内容包括绪论、公园体检与开放共享资源评估、公园开放共享与规划设计、公园运营管理与绿色低碳生活以及公园开放共享典型案例。本教材系统讲授了公园开放共享的原理、方法和实践内容，从绿色空间角度阐释了绿色低碳生活方式的实现路径。

本教材可作为高等院校和职业院校风景园林、园林、环境设计等专业的教学用书，也可作为行业从业人员的参考书。

图书在版编目（CIP）数据

公园开放共享与绿色低碳生活 / 戈晓宇，李雄，杜春兰主编. -- 北京 : 中国林业出版社，2025. 2.
（“陆地生态系统修复与固碳技术”教材体系）. -- ISBN 978-7-5219-2921-8

Ⅰ. TU985.12

中国国家版本馆CIP数据核字第2024Q20J52号

策划编辑：康红梅
责任编辑：康红梅
责任校对：梁翔云
封面设计：北京反卷艺术设计有限公司

出版发行 中国林业出版社
（100009，北京市西城区刘海胡同7号，电话 010-83223120，83143551）
电子邮箱 jiaocaipublic@163.com
网　　址 https://www.cfph.net
印　　刷 北京中科印刷有限公司
版　　次 2025年2月第1版
印　　次 2025年2月第1次印刷
开　　本 787mm×1092mm 1/16
印　　张 9
字　　数 213千字
定　　价 58.00元

数字资源

《公园开放共享与绿色低碳生活》编写人员

主　　编　戈晓宇（北京林业大学）

李　雄（北京林业大学）

杜春兰（重庆大学）

副 主 编　郝培尧（北京林业大学）

林辰松（北京林业大学）

郑晓笛（清华大学）

曹加杰（南京林业大学）

庞　颖（东北林业大学）

参编人员　（按姓氏拼音排序）

安　超（住房和城乡建设部遥感应用中心）

鲍沁星（浙江农林大学）

高　伟（华南农业大学）

洪　波（西北农林科技大学）

李东咛（东北林业大学）

李　程（住房和城乡建设部遥感应用中心）

林广思（华南理工大学）

刘家琳（西南大学）

刘宁京（中国城市规划设计研究院）
马　兰（国家林业和草原局产业发展规划院）
商　楠（国家林业和草原局产业发展规划院）
邵继中（华中农业大学）
邵钰涵（同济大学）
吴　岩（中国城市规划设计研究院）
辛泊雨（中国城市规划设计研究院）
杨云峰（南京林业大学）
杨永峰（国家林草局林草调查规划院）
应　欣（北京北林地景园林规划设计院有限责任公司）
张　萍（北京市林业工作总站）
郑文俊（桂林理工大学）

主　审（按姓氏拼音排序）
高　翅（华中农业大学）
万　敏（华中科技大学）
许大为（东北林业大学）

前 言

第六届联合国环境大会于2024年2月26日至3月1日在肯尼亚内罗毕的联合国环境规划署总部召开，大会主题为“采取有效、包容和可持续的多边行动，应对气候变化、生物多样性丧失和污染”，大会通过了15项决议和2项决定，其中关于“促进可持续生活方式”的决议明确指出，根据联合国政府间气候变化专门委员会发布的《气候变化2022：减缓气候变化》，如果改变人们的消费行为和生活方式，到2050年，温室气体可减排40%~70%。

住房和城乡建设部在2023年2月发布了《关于开展城市公园绿地开放共享试点工作的通知》，公园绿地开放共享成为风景园林、园林等专业的新兴领域，也是城市更新中公园更新的重点内容。公园绿地的开放共享涉及教学中风景园林设计、风景园林工程、园林管理等多门课程的内容，行业也从关注绿地建设逐渐向关心百姓生活的方向发展。如果能够尽可能多地引导人们进入公园，畅享绿色空间和低碳生活，对人们尽早实现绿色生活方式具有重要意义，人与自然和谐共生的画面将会在公园中生动呈现。

根据国家统计局发布的《中华人民共和国2023年国民经济和社会发展统计公报》，截至2023年年末全国常住人口城镇化率为66.16%；根据国家统计局发布的《中国统计年鉴2023》，截至2023年年末，城市建成区绿化覆盖率为43%，城市绿地面积为358.6万hm^2，人均公园绿地面积15.3m^2，共有公园24 841个，公园面积67.3万hm^2。2023年城市公园数量和面积继续增加，但增量速度逐渐放缓，增量规模逐渐减小，以公园开放共享为契机的更新与提升是未来风景园林行业在城市中的重要实践领域。

本教材从政策梳理开始，系统总结了近30年公园管理政策的发展，覆盖了城市更新背景下，从公园体检到规划设计再到运营管理的开放共享全流程，收集了国内外比较知名的公园开放共享案例。依托园林管理与实务、风景园林设计和风景园林工程等课程内容，整合经典案例与理论，形成了教材的主线结构和内容体系。

本教材由戈晓宇、李雄、杜春兰共同担任主编，编写分工如下：第1章绪论由戈晓宇、李雄、杜春兰、洪波、刘家琳编写，第2章公园体检与开放共享资源评估由郝培尧、邵钰涵、林广思、鲍沁星编写，第3章公园开放共享与规划设计由庞颖和李东咛编写，第4章公园运营管理与绿色低碳生活由林辰松、张萍、郑文俊、高伟、邵继中编写，第5章公园开放共享典型案例由郑晓笛、曹加杰、杨云峰、安超、李程、刘宁京、马兰、商楠、吴岩、辛泊雨、杨永峰、应欣编写。感谢北京林业大学园林学院硕士研究生兰雨萌、张垲雪、翟哲然、叶天佑、孙熙呈、马瑞杰、李紫萌、王靖渊、郭阳、张慧怡、周卓尔、孟小琛、苏换喜和东北林业大学园林学院硕士研究生王欣、范一宏和杨诗琪在教材编写中的辛苦付出。感谢中国林业出版社康红梅编审，其20年的编辑出版经验为本教材的顺利出版提供了指导。

希望本教材能对从事风景园林、园林等专业教学的普通高等学校和职业院校的教学起到支撑作用，对学生的学习和坚定专业自信有所帮助。本教材的编写任务重、时间紧、压力大，写作过程持续数月，倾注了编写团队的大量心血。

本教材编写是一个从零到一的过程，内容难免会有遗漏和不足之处，请各位读者不吝赐教。

编 者
2024年6月

目 录

前 言

第1章 绪 论 / 1

1.1 公园开放共享概述 …… 1
1.1.1 公园开放共享有关概念 …… 1
1.1.2 公园管理政策发展历史 …… 2
1.1.3 公园开放共享工作内容 …… 17
1.2 绿色低碳生活概述 …… 18
1.3 相关文件解读 …… 20
1.3.1 公园管理相关标准 …… 20
1.3.2 2023年《城市公园管理办法》相关内容摘录 …… 21
1.3.3 2018年《园林绿化养护标准》相关内容摘录 …… 22
1.3.4 2022年《关于推动露营旅游休闲健康有序发展的意见》相关内容摘录 …… 24
1.3.5 2022年《北京市公园配套服务项目经营准入标准（试行）》相关内容摘录 …… 26
1.3.6 2022年《北京市公园绿色帐篷区管理指引（试行）》相关内容摘录 …… 27
1.3.7 2022年《北京市公园分类分级管理办法》相关内容摘录 …… 28
1.3.8 2021年《国务院关于加快建立健全绿色低碳循环发展经济体系的指导意见》相关内容摘录 …… 29
1.3.9 2021年《中国应对气候变化的政策与行动》白皮书相关内容摘录 …… 29

1.3.10 2023年《新时代的中国绿色发展》白皮书相关内容摘录 …… 30
小 结 …… 30
思考题 …… 31
拓展阅读 …… 31

第2章 公园体检与开放共享资源评估 / 32

2.1 公园体检背景和内涵 …… 33
2.2 国外公园体检发展概况 …… 33
2.2.1 英国绿旗奖公园评价 …… 33
2.2.2 美国公园评价指数 …… 35
2.2.3 新加坡城市生物多样性指数 …… 36
2.3 国内公园体检发展概况 …… 37
2.3.1 国家重点公园评价标准 …… 37
2.3.2 公园分类分级评定办法 …… 38
2.3.3 国内公园体检实践与开放共享评估 …… 39
2.4 公园体检内容与发展趋势 …… 44
2.4.1 公园体检主要内容 …… 44
2.4.2 公园体检发展趋势 …… 46
小 结 …… 48
思考题 …… 48
拓展阅读 …… 48

第3章 公园开放共享与规划设计 / 49

3.1 公园开放共享区域划定方法 …… 49
3.1.1 公园开放共享区域划定原则 …… 49
3.1.2 公园开放共享区域划定程序与方法 …… 50
3.2 开放共享空间设计方法 …… 52
3.2.1 开放共享空间发展定位 …… 52
3.2.2 开放共享空间设计要点 …… 55
3.3 服务体系构建方法 …… 61
3.3.1 公众参与管理 …… 61
3.3.2 消费场景置入 …… 62
3.3.3 功能复合共建 …… 62
小 结 …… 64

思考题 ………………………………………………………………………… 64
拓展阅读 ……………………………………………………………………… 64

第4章 公园运营管理与绿色低碳生活 / 65

4.1 公园绿色低碳生活策划与运营 ………………………………………… 65
4.1.1 绿色低碳生活的活动类型 ………………………………………… 65
4.1.2 公园绿色低碳生活运营策划 ……………………………………… 69
4.2 公园承载力评估与轮换制养护 ………………………………………… 72
4.2.1 绿地承载力评估方法 ……………………………………………… 72
4.2.2 绿地轮换制养护方法 ……………………………………………… 74
4.3 公园绿地价值精准核算技术 …………………………………………… 80
4.3.1 生态产品价值实现政策解读 ……………………………………… 80
4.3.2 北京市生态产品相关标准解读 …………………………………… 83
小 结 ………………………………………………………………………… 88
思考题 ………………………………………………………………………… 88
拓展阅读 ……………………………………………………………………… 89

第5章 公园开放共享典型案例 / 90

5.1 北京市朝阳公园 ………………………………………………………… 90
5.1.1 公园概述 …………………………………………………………… 90
5.1.2 实地调研概述 ……………………………………………………… 92
5.2 北京市温榆河公园朝阳示范区 ………………………………………… 98
5.2.1 公园概述 …………………………………………………………… 98
5.2.2 实地调研概述 ……………………………………………………… 98
5.3 北京市龙潭中湖公园 …………………………………………………… 105
5.3.1 公园概述 …………………………………………………………… 105
5.3.2 开放共享功能 ……………………………………………………… 106
5.3.3 绿色低碳生活 ……………………………………………………… 106
5.3.4 公园运营管理 ……………………………………………………… 106
5.4 雄安金湖公园 …………………………………………………………… 107
5.4.1 公园概述 …………………………………………………………… 107
5.4.2 开放共享功能 ……………………………………………………… 107
5.4.3 绿色低碳生活 ……………………………………………………… 108
5.5 深圳市香蜜公园 ………………………………………………………… 109

5.5.1 公园概述 ……109
5.5.2 开放共享功能 ……109
5.5.3 公园运营管理与绿色低碳生活 ……109
5.6 重庆中央公园 ……111
5.6.1 公园概述 ……111
5.6.2 开放共享功能 ……113
5.6.3 绿色低碳生活 ……114
5.7 南京玄武湖公园 ……114
5.7.1 公园概述 ……115
5.7.2 开放共享功能 ……115
5.8 日本东京南池袋公园 ……120
5.8.1 公园概述 ……120
5.8.2 开放共享功能 ……120
5.8.3 绿色低碳生活 ……123
5.8.4 公园运营管理 ……123
5.9 日本东京上野恩赐公园 ……123
5.9.1 公园概述 ……123
5.9.2 开放共享功能 ……124
5.9.3 绿色低碳生活 ……125
5.9.4 公园运营管理 ……125
5.10 美国纽约布莱恩特公园 ……126
5.10.1 公园概述 ……126
5.10.2 开放共享功能 ……126
5.10.3 绿色低碳生活 ……126
5.10.4 公园运营管理 ……128
小 结 ……128
思考题 ……129
拓展阅读 ……129

参考文献 ……130

第1章 绪论

为贯彻落实党的二十大精神，完整、准确、全面贯彻新发展理念，拓展公园绿地开放共享新空间，满足人民群众亲近自然、休闲游憩、运动健身的新需求、新期待，2023年1月，住房和城乡建设部办公厅发布《关于开展城市公园绿地开放共享试点工作的通知》，决定开展城市公园绿地开放共享试点工作。

1.1　公园开放共享概述

随着经济社会发展和人民生活水平的不断提升，人民群众对城市绿色生态空间有了新的需求，希望增加可进入、可体验的活动场地。在公园草坪、林下空间以及空闲地等区域划定开放共享区域，完善配套服务设施，更好地满足人民群众搭建帐篷、运动健身、休闲游憩等亲近自然的户外活动需求，是扩大公园绿地开放共享新空间的重要举措。

公园开放共享不仅满足了人民群众对城市绿色生态空间的新需求，也为绿色低碳生活提供了可能性。开放共享空间的增加，使公园成为城市居民进行户外活动的主要场所，如搭建帐篷、运动健身、休闲游憩等，这些活动有助于减少人们的碳足迹。此外，公园的开放共享鼓励了绿色出行方式，如步行、骑行等，进一步减少了碳排放，也为推动绿色低碳生活提供了可能性和平台。

1.1.1　公园开放共享有关概念

（1）城市公园

城市公园是指城市内具备园林景观和服务设施，具有改善生态、美化环境、休闲游憩、健身娱乐、传承文化、保护资源、科普教育和应急避难等功能，向公众开放的场所，包括利用公园绿地建设的公园和其他纳入城市公园名录的公园（《城市公园管理办法》，2024）。

（2）植物养护

植物养护工作的主要技术内容应包括整形修剪、灌溉与排水、施肥、有害生物防治、松土除草、改植与补植及绿地防护等[《园林绿化养护标准》（CJJ/T 287—2018）]。

（3）绿地管理

绿地管理工作的主要技术内容应包括绿地清理与保洁、附属设施管理、景观水体管理、技术档案及安全保护等[《园林绿化养护标准》（CJJ/T 287—2018）]。

（4）公园绿色开放共享

根据住房和城乡建设部办公厅《关于开展城市公园绿地开放共享试点工作的通知》，公园绿色开放共享是指在遵循生态保护、景观规划和市民需求的基础上，在城市公园绿地中增加可进入、可体验的活动场地。在公园草坪、林下空间以及空闲地等区域划定开放共享区域，完善配套服务设施，更好地满足人民群众搭建帐篷、运动健身、休闲游憩等亲近自然的户外活动需求。

1.1.2　公园管理政策发展历史

1.1.2.1　公园管理政策发展简史

中国公园管理政策经历了从强调绿化建设到注重生态、人文、功能多元化的转变。早期政策以《城市绿化条例》为代表，主要关注绿化面积的扩大和绿化用地的保护。从表1-1可以看出，在2000年后，政策逐步转向提升绿化质量，强调生态优先、以人为本，并注重公园的综合功能和特色风貌。近年来，政策更加注重生态产品价值的实现和公园城市理念的实践，推动公园建设与城市发展、人民生活深度融合，实现高质量发展、高品质生活、高效能治理。总体而言，中国公园管理政策不断完善，为构建美丽中国、建设生态文明提供了有力支撑。

表 1-1　公园管理政策发展历史总结

政策文件	发布时间（年）	重点内容	意义
《城市绿化条例》	1992	规定城市绿化建设纳入国民经济和社会发展计划，并对城市绿地的保护和管理提出要求	为城市绿化建设提供了法律依据，推动了城市绿化事业的起步
《国务院关于加强城市绿化建设的通知》	2001	提出城市绿化工作的指导思想和任务，要求提高城市绿化水平，构建合理的城市绿地系统	响应可持续发展战略，推动城市绿化工作向更高水平发展
《关于加快市政公用行业市场化进程的意见》	2002	鼓励通过招标发包方式选择市政设施、园林绿化等非经营性设施日常养护作业单位或承包单位	引入市场机制，提高市政公用行业的效率和效益
《关于加强公园管理工作的意见》	2005	强调公园的公益属性，要求保证政府的资金投入，鼓励吸收社会资金建设公园，并严格保护历史名园	确保公园的公益性，推动公园事业发展，并保护历史文化遗产

（续）

政策文件	发布时间（年）	重点内容	意义
《关于进一步加强公园建设管理的意见》	2013	提出公园建设管理工作的重要性和紧迫性，要求强化公园体系规划的编制实施，加强公园设计的科学引导，深化公园运营维护管理	指导公园建设管理工作，推动公园事业发展适应新的挑战
《关于促进消费带动转型升级的行动方案》	2016	提出旅游休闲升级行动和绿色消费壮大行动，鼓励发展全域旅游，推广绿色建材应用	促进消费升级，推动绿色低碳发展
《城市公园配套服务项目经营管理暂行办法》	2016	规范城市公园配套服务项目的经营管理，明确经营者的条件和行为规范，确保公园运营安全有序	规范公园配套服务项目的经营管理，保障公园的公益属性
《关于支持成都建设践行新发展理念的公园城市示范区的意见》	2020	支持成都建设践行新发展理念的公园城市示范区，提出高起点建设创新引领的活力城市、高质量建设协调共融的和谐城市、高标准建设生态宜居的美丽城市、高品质建设共建共享的幸福城市的目标	推动城市可持续发展，探索公园城市建设的模式
《关于建立健全生态产品价值实现机制的意见》	2021	提出建立健全生态产品价值实现机制的工作原则和战略取向，健全生态产品经营开发机制和保障机制	推动生态产品价值实现，促进经济社会发展与生态环境保护相协调
《成都建设践行新发展理念的公园城市示范区总体方案》	2022	提出成都建设践行新发展理念的公园城市示范区的指导思想、工作原则、发展定位和发展目标，并从厚植绿色生态本底、创造宜居美好生活、营造宜业优良环境、健全现代治理体系等方面提出具体任务	指导成都公园城市示范区建设，推动城市高质量发展
《关于做好盘活存量资产扩大有效投资有关工作的通知》	2022	提出灵活采取多种方式，有效盘活不同类型存量资产，并推动落实盘活条件，促进项目尽快落地，加快回收资金使用，有力支持新项目建设	推动存量资产盘活，扩大有效投资，促进经济发展

1.1.2.2　1992年《城市绿化条例》相关内容摘录

1992年6月22日，国务院发布了《城市绿化条例》。部分内容摘录如下：

第一章　总则

第三条　城市人民政府应当把城市绿化建设纳入国民经济和社会发展计划。

第三章　保护和管理

第十九条　任何单位和个人都不得擅自改变城市绿化规划用地性质或者破坏绿化规划用地的地形、地貌、水体和植被。

第二十条　任何单位和个人都不得擅自占用城市绿化用地；占用的城市绿化用地，应当限期归还。

因建设或者其他特殊需要临时占用城市绿化用地，须经城市人民政府城市绿化行政主管部门同意，并按照有关规定办理临时用地手续。

第二十一条 任何单位和个人都不得损坏城市树木花草和绿化设施。砍伐城市树木，必须经城市人民政府城市绿化行政主管部门批准，并按照国家有关规定补植树木或者采取其他补救措施。

第二十二条 在城市的公共绿地内开设商业、服务摊点的，必须向公共绿地管理单位提出申请，经城市人民政府城市绿化行政主管部门或者其授权的单位同意后，持工商行政管理部门批准的营业执照，在公共绿地管理单位指定的地点从事经营活动，并遵守公共绿地和工商行政管理的规定。

第二十三条 城市的绿地管理单位，应当建立、健全管理制度，保持树木花草繁茂及绿化设施完好。

《城市绿化条例》促进了城市绿化事业的发展，改善了生态环境，美化了生活环境，增进了人民身心健康，也为之后公园管理政策的发展打下了基础。

1.1.2.3 2001年《国务院关于加强城市绿化建设的通知》相关内容摘录

2001年5月31日，国务院印发了《国务院关于加强城市绿化建设的通知》。部分内容摘录如下：

一、充分认识城市绿化的重要意义

城市绿化是城市重要的基础设施，是城市现代化建设的重要内容，是改善生态环境和提高广大人民群众生活质量的公益事业。改革开放以来，特别是90年代以来，我国的城市绿化工作取得了显著成绩，城市绿化水平有了较大提高。但总的看来，绿化面积总量不足，发展不平衡、绿化水平比较低；城市内树木特别是大树少，城市中心地区绿地更少，城市周边地区没有形成以树木为主的绿化隔离林带，建设工程的绿化配套工作不落实。一些城市人民政府的领导对城市绿化工作的重要性缺乏足够的认识；违反城市总体规划和城市绿地系统规划，随意侵占绿地和改变规划绿地性质的现象比较严重；绿化建设资金短缺，养护管理资金严重不足；城市绿化法制建设滞后，管理工作薄弱。

地方各级人民政府和国务院有关部门要充分认识城市绿化对调节气候、保持水土、减少污染、美化环境，促进经济社会发展和提高人民生活质量所起的重要作用，增强对搞好城市绿化工作的紧迫感和使命感，采取有力措施，加强城市绿化建设，提高城市绿化的整体水平。

二、城市绿化工作的指导思想和任务

（一）城市绿化工作的指导思想是：以加强城市生态环境建设，创造良好的人居环境，促进城市可持续发展为中心；坚持政府组织、群众参与、统一规划、因地制宜、讲求实效的原则，以种植树木为主，努力建成总量适宜、分布合理、植物多样、景观优美的城市绿地系统。

（二）今后一个时期城市绿化的工作目标和主要任务是：到2005年，全国城市规划建成区绿地率达到30%以上，绿化覆盖率达到35%以上，人均公共绿地面积达到8平方米以上，城市中心区人均公共绿地达到4平方米以上；到2010年，城市规划建成区绿地率达到35%以上，绿化覆盖率达到40%以上，人均公共绿地面积达到10平方米以上，城市中心区人均公共绿地达到6平方米以上。由于各地城市经济、社会发展状况和自然条件差别很大，各地应根据当地的实际情况确定不同城市的绿化目标。为此，要加强城市规划建成区的绿化建设，尽快改变建成区绿地不足的状况，特别是城市中心区的绿化要有大的改观，要多种树、种大树，增加绿化面积，改善生态质量。加快城市范围内道路和铁路两侧林带、河边、湖边、海边、山坡绿化带建设步伐。建成一批有一定规模、一定水平和分布合理的城市公园，有条件的城市要加快植物园、动物园、森林公园和儿童公园等各类公园的建设。居住区绿化、单位绿化及各类建设项目的配套绿化都要达到《城市绿化规划建设指标的规定》的标准。要大力推进城郊绿化，特别是在特大城市和风沙侵害严重的城市周围形成较大的绿化隔离林带，在城市功能分区的交界处建设绿化隔离带，初步形成各类绿地合理配置，以植树造林为主，乔、灌、花、草有机搭配，城郊一体的城市绿化体系。

三、采取有力措施，加快城市绿化建设步伐

（一）加强和改进城市绿化规划编制工作。地方各级人民政府在组织编制城市总体规划和详细规划时，要高度重视城市绿化工作。城市规划和城市绿化行政主管部门等要密切合作，共同编制好《城市绿地系统规划》。规划中要按规定标准划定绿化用地面积，力求公共绿地分层次合理布局；要根据当地情况，分别采取点、线、面、环等多种形式，切实提高城市绿化水平。要建立并严格实行城市绿化"绿线"管制制度，明确划定各类绿地范围控制线。近期内城市人民政府要对已经批准的城市绿化规划进行一次检查，并将检查结果向上一级政府作出报告。尚未编制《城市绿地系统规划》的，要在2002年底前完成补充编制工作，并依法报批。对于已经编制，但不符合城市绿化建设要求以及没有划定绿线范围的，要在2001年底前补充、完善。批准后的《城市绿地系统规划》要向社会公布，接受公众监督，各级人民政府应定期组织检查，督促落实。

（二）严格执行《城市绿地系统规划》。要严格按规划确定的绿地进行绿化管理，绿线内的用地不得改作他用，更不能进行经营性开发建设。因特殊需要改变绿地规划、绿地性质的，应报经原批准机关重新审核，报上一级机关审批，并严格按规定程序办理审批手续。在旧城改造和新区建设中，要严格控制建筑密度，尽可能创造条件扩大绿地面积，城市规划和城市绿化行政主管部门要对新建、改建和扩建项目实行跟踪管理。要将城市范围内的河岸、湖岸、海岸、山坡、城市主干道等地带作为"绿线"管理的重点部位。同时，要严格保护重点公园、古典园林、风景名胜区和古树名木。对影响景观环境的建筑、游乐设施等要逐步迁移。

（三）加大城市绿化资金投入，建立稳定的、多元化的资金渠道。城市绿化建设资金是城市公共财政支出的重要组成部分，要坚持以政府投入为主的方针。城市各级财政应安排必要的资金保证城市绿化工作的需要，尤其要加大城市绿化隔离林带和大型公园绿地建设的投入，特别是要增加管理维护资金。国家将通过加大对中西部地区和贫困地区转移支付力度，支持中西部地区城市绿化建设。同时，拓宽资金渠道，引导社会资金用于城市绿化建设。城市的各项建设都应将绿化费用纳入投资预算，并按规定建设绿地。对不能按要求建设绿地或建设绿地面积未达到标准的单位，由城市人民政府绿化行政主管部门依照《城市绿化条例》有关规定，责令其补建并达到规定面积，确保绿化建设。具体办法由省、自治区、直辖市人民政府制定。

（四）保证城市绿化用地。要在继续从严控制城市建设用地的同时，采取多种方式增加城市绿化用地。在城市国有土地上建设公共绿地，土地由当地城市人民政府采取划拨方式提供。国家征用农用地建设公共绿地的，按《中华人民共和国土地管理法》规定的标准给予补偿。各类工程建设项目的配套绿化用地，要一次提供，统一征用，同步建设。在城市规划区周围根据城市总体规划和土地利用规划建设绿化隔离林带，其用地涉及的耕地，可以视作农业生产结构调整用地，不作为耕地减少进行考核。为加快城郊绿化，应鼓励和支持农民调整农业结构，也可采取地方政府补助的办法建设苗圃、公园、运动绿地、经济林和生态林等。

（五）切实搞好城市建成区的绿化。对城市规划建成区内绿地未达到规定标准的，要优化城市用地结构，提高绿化用地在城市用地中的比例。要结合产业结构调整和城市环境综合整治，迁出有污染的企业，增加绿化用地。建成区内闲置的土地要限期绿化，对依法收回的土地要优先用于城市绿化。地方各级人民政府要对城市内的违章建筑进行集中清理整顿，限期拆除，拆除建筑物后腾出的土地尽可能用于绿化。城市的各类房屋建设，应在该建筑所在区位，在规划确定的地点、规定的期限内，按其建筑面积的一定比例建设绿地。各类建设工程要与其配套的绿化工程同步设计、同步施工、同步验收。达不到规定绿化标准的不得投入使用，对确有困难的，可进行异地绿化。要充分利用建筑墙体、屋顶和桥体等绿化条件，大力发展立体绿化。城市绿化行政主管部门要切实加强绿化工程建设的监督管理。要积极实行绿化企业资质审验、绿化工程招投标制度和工程质量监督制度，确保城市绿化质量。市、区、街道和各单位都有义务建设和维护、管理好责任范围内的绿地。

（六）加强城市绿化科研设计工作。要加强城市绿化的基础研究和应用研究，建立健全园林绿化科研机构，增加研究资金。要加强城市绿地系统生物多样性的研究，特别要加强区域性物种保护与开发的研究，注重植物新品种的开发，开展园林植物育种及新品种引进培育的试验。要加强植物病虫害的防治研究和节水技术的研究。加大新成果、新技术的推广力度，大力促进科技成果的转化与应用。要搞好园林绿化设计工作。各城市在园林绿化设计中要借鉴国内外先进经验，体现本地特色和民族风格，突出科学性和艺术性。各地要因地制宜，在植物种类上注重乔、灌、花、草的合理配置，优先发展乔木；园林绿化应以乡土植物为主，积极引进适合在本地区生长发育的园林植物，海关、质量监督检验检疫等部门应积极配合和支持。城市公园和绿地要以植物造景为主，植物配置要以乔木为主，提高绿地的生态效益和景观效益，为人民群众营造更多的绿色休憩空间。

1.1.2.4 2002年《关于加快市政公用行业市场化进程的意见》相关内容摘录

2002年12月17日，建设部印发了《关于加快市政公用行业市场化进程的意见》。部分内容摘录如下：

（三）通过招标发包方式选择市政设施、园林绿化、环境卫生等非经营性设施日常养护作业单位或承包单位。逐步建立和实施以城市道路为载体的道路养护、绿化养护和环卫保洁综合承包制度，提高养护效率和质量。

1.1.2.5 2005年《关于加强公园管理工作的意见》相关内容摘录

2005年2月2日，建设部印发了《关于加强公园管理工作的意见》。部分内容摘录如下：

一、充分认识公园管理工作的重要意义

公园是城市绿地系统的重要组成部分，是供公众游览、观赏、休憩，开展科学文化教育及锻炼身体的重要场所，是城市防灾避险的重要基础设施，是改善生态环境和提高广大人民群众生活质量的公益性事业。

三、加强公园的建设管理

公园建设要以植物造景为主，突出以人为本、生态优先的原则。有条件的城市要加快植物园、湿地公园、儿童公园等各类公园的建设。新建、改建、扩建的各类公园的设计，必须符合国家有关公园管理的规定和审批程序。要弘扬我国传统园林艺术，突出地方特色，不断提高公园设计水平。公园建设必须按照批准的设计施工，并由相应资质的单位承担。公园竣工必须按规定验收合格后方可投入使用。城市供电、供热、供气、电信、给排水及其他市政工程应尽量避免在公园内施工，需在公园内施工的，须事先征得公园主管部门的同意，并遵守有关规定。

四、保证政府的资金投入，鼓励吸收社会资金建设公园

公园是社会公益事业。各地建设和园林主管部门要协调当地财政部门，将社会公益性公园的建设和管理费用列入政府公共财政预算。

对于免费开放的公园绿地，要落实专项资金，保证公园绿地的维护管理经费，确保公园绿地维护和管理的正常运行。

要在统一规划的前提下，调动各方面的积极性，加快公园建设步伐。鼓励企业、事业、公民及其他社会团体通过资助、捐赠等方式参与公园的建设。

五、严格保护历史名园

要加强历史名园保护管理工作，加大对古典园林的保护管理力度。对列入《世界遗产名录》的历史名园，要遵照《保护世界文化自然遗产公约》的要求，严格保护。要加强对古典园林的保护管理和造园艺术的研究，制定保护规划和实施计划，切实落实管理措施。历史名园应保持原有风貌和布局，凡对原有风貌和布局产生影响的建设方案，必须经过专家论证并按规定程序审批。历史名园要实行严格的景观控制，在其保护范围和建设控制地带内严格控制各类建筑物、构筑物的建设。对有较高价值、较大影响的公园，建设部将列为国家重点公园，严格保护管理。

七、切实提高公园的管理水平

要加强公园各项基础管理工作，不断提高管理水平。要加强公园内园林植物和各类设施的养护管理，保持优美环境。要大力开展文明公园创建活动，积极开展健康有益的科学普及和文化、体育活动，抵制封建迷信、有伤风化等不良行为。要积极推动

公园管理体制改革，公园的卫生保洁、植物养护等工作要逐步推向市场。政府投资建设的公园、植物园、动物园等不得转让、出让。要最大限度地发挥其科普教育、生物多样性保护宣传和服务社会的功能。

1.1.2.6 2013年《关于进一步加强公园建设管理的意见》相关内容摘录

2013年5月3日，住房和城乡建设部印发了《关于进一步加强公园建设管理的意见》。部分内容摘录如下：

一、正确认识公园建设管理工作的重要性和紧迫性

公园是与群众日常生活息息相关的公共服务产品，是供民众公平享受的绿色福利，是公众游览、休憩、娱乐、健身、交友、学习以及举办相关文化教育活动的公共场所，是城市绿地系统的核心组成部分，承载着改善生态、美化环境、休闲游憩、健身娱乐、传承文化、保护资源、科普教育、防灾避险等重要功能。

随着城镇化进程的不断加快，公园事业面临着新的挑战：一是随着人们生活水平的提高，市民群众对公园的数量、内涵、品质、功能、开放时间与服务质量等方面需求不断提高；二是随着社会老龄化速度的加快、市民群众休闲需求的增加以及公园的免费开放，公园游客量急速增长，节假日更是人流剧增，公园的安全、服务、维护等方面压力不断加大；三是城乡统筹发展对公园类型、布局、设计、建设、管理等方面提出了新的要求；四是城市道路拓宽、地铁修建、房地产开发以及“以园养园”等变相经营对公园的用地范围、公益属性及健康发展都造成威胁。

二、强化公园体系规划的编制实施

各地要在编制或修编城市绿地系统规划时，本着“生态、便民、求实、发展”的原则，编制城市公园建设与保护专项规划，构建数量达标、分布均衡、功能完备、品质优良的公园体系。一是适应城市防灾避险、历史人文和自然保护以及市民群众多样化需求，合理规划建设植物园、湿地公园、雕塑公园、体育公园等不同主题的公园，并确保设区城市至少有一个综合性公园。二是与城市道路、交通、排水、照明、管线等基础设施相协调，统筹城市防灾避险及地下空间合理利用等发展需求。严格控制公园周边的开发建设，合理设置自行车停放场地、预留公交车停靠站点，限制公交车之外的机动车通行，并保障公园内交通微循环与城市绿道绿廊等慢行交通系统有效衔接。三是在保护、改造提升原有公园的基础上，按照市民出行300~500米见公园绿地的要求，结合城乡环境整治、城中村改造、城乡统筹建设、弃置地生态修复等，加大社区公园、街头游园、郊野公园、绿道绿廊等规划建设力度，确保城区人均公园绿地面积不低于5平方米、公园绿地服务半径覆盖率不低于60%。四是将公园保护发展规划纳入城市绿线和蓝线管理，确保公园用地性质及其完整性。

各地要站在建设生态文明、精神文明和安定和谐社会的高度，充分认识加强新时期公园建设管理的重要性和紧迫性，树立生态、低碳、人文、和谐的理念，始终坚持公园的公益性发展方向，切实抓好公园建设管理工作。

三、加强公园设计的科学引导

各地要牢固树立以人为本、尊重科学、顺应自然、低碳环保的公园设计理念，从设计环节上引导公园建设走节约型、生态型、功能完善型发展道路。一是严把设计方案审查关，防止过度设计。公园设计要严格遵照相关法规标准，严格控制公园内建筑物、构筑物等配套设施设备建设，保证绿地面积不得少于公园陆地总面积的65%；严格控制游乐设施的设置，防止将公园变成游乐场；严格控制大广场、大草坪、大水面等，杜绝盲目建造雕塑、小品、灯具造景、过度硬化等高价设计和不切实际的“洋”设计。二是以人为本，不断完善综合功能。新建公园要切实保障其文化娱乐、科普教育、健身交友、调蓄防涝、防灾避险等综合功能，并在公园改造、扩建时不断完善。三是突出人文内涵和地域风貌。要有机融合历史、文化、艺术、时代特征、民族特色、传统工艺等，突出公园文化艺术内涵和地域特色，避免“千园一面”。四是生态优先、保护优先。要着力保护自然山体、水体、地形、地貌以及湿地、生物物种等资源和风貌，严禁建造偏离资源保护、雨洪调蓄等宗旨的人工湿地，严禁盲目挖湖堆山、裁弯取直、筑坝截流、硬质驳岸等。五是以植物造景为主，以乡土植物、适生植物为主，合理配植乔灌草（地被），做到物种多样、季相丰富、景观优美。

五、深化公园运营维护管理

（三）加强日常管理，确保公园运营安全有序。

各地公园要切实加强日常管理，制订公园管理细则，明确公园管理人员、服务人员、游人等的行为准则，以优质服务游人为基本宗旨，倡导文明游园。一要保障公园内所有餐饮、展示、娱乐等服务性设备设施都面向公众开放。二要按功能分区合理设置游览休闲等项目，积极组织开展科普教育、生物多样性保护宣传和文化节、游园会、书画展等文化娱乐活动，严禁低级庸俗的活动进园。三要加强卫生保洁以及公园内山体、水体、树木花草等保护管理，确保公园水质清新、设施干净、环境优美。四要加强游园巡查，制止和清除黑导、野泳、野钓、烧烤等行为，杜绝噪声扰民、商品展销、游商兜售等。五要加强对旅游团队的管理，讲解人员须持证上岗，对历史名园、遗址保护公园、植物园、动物园、湿地公园等，要实行专业化讲解。六要严格限制宠物入园（宠物专类公园除外），严禁动物表演，严格限制机动车辆入园。

六、加强组织领导

（二）完善公众监督。

各地要建立健全公园建设管理全过程监管体系，自觉接受社会公众和新闻媒体的监督，营造“政府重视、社会关注、百姓支持”的良好氛围。已建成开放的公园，要及时面向社会公示公园四至范围及坐标位置，加强社会监督。各地公园要建立自律自治和举报监督机制，及时受理群众举报，接受公众、媒体监督，引导社会各界参与公园的维护、管理，促进公园规范运营、和谐发展。

1.1.2.7 2016年《关于促进消费带动转型升级的行动方案》相关内容摘录

2016年4月26日，国家发展和改革委员会印发了《关于促进消费带动转型升级的行动方案》。部分内容摘录如下：

一、总体考虑

——依靠改革创新引领，破除制度障碍推动转型升级。加速打破教育、文化、体育、养老、健康等领域存在的深层次体制机制障碍，深入推进事业单位和垄断行业改革，营造有利于各类所有制企业公平竞争的市场环境；推动互联网等新技术与传统商贸流通业有机结合，促进线上线下、体验分享等多种消费业态兴起和发展，增强创新驱动发展的能力。

二、十大扩消费行动

（五）旅游休闲升级行动

13、着力打造全域旅游示范区。结合特色旅游小镇建设和乡村旅游发展，年内建成100个全域旅游示范区。鼓励地方引导企业有效利用本地旅游特色资源，开发绿色、实用、有创意的旅游商品，推动线上线下旅游商品销售。着力推进国际旅游岛、旅游带等旅游重点区发展。各地在“五一”小长假或“十一”黄金周之前，选择一个本地的旅游主题进行集中宣传推介。

（九）绿色消费壮大行动

32、推广绿色建材应用。开展绿色建材评价标识，发布绿色建材产品目录，推广使用节能门窗、陶瓷薄砖、节水洁具等绿色建材和水性涂料等环保装修材料，鼓励选购节水龙头等节水产品，鼓励建立绿色商场、节能超市、节水超市等绿色流通主体。建立绿色建材检验检测保障体系，加快绿色建材生产应用，在供地方案和土地出让合同中明确要求提高绿色建材的使用比例，完善部门联合履约监管机制，加快提高新建建筑使用绿色建材的比例。

1.1.2.8　2016年《城市公园配套服务项目经营管理暂行办法》相关内容摘录

2016年2月25日，住房城乡建设部印发了《城市公园配套服务项目经营管理暂行办法》。部分内容摘录如下：

第三条　本办法所称城市公园，是指政府投资建设和管理、在城市行政区域内具有良好园林景观和较完善设施，具备改善生态、美化环境、游览休憩和科普宣传等功能，向公众开放的场所。

第十一条　参与城市公园配套服务经营的经营者应当具备下列条件：

（一）具有独立承担民事责任能力的法人或自然人；

（二）企业法人具有良好的商业信誉和健全的企业管理制度，包括但不限于财务会计制度，并具备与进行经营配套服务项目相当的经济实力；

（三）自然人具有良好的银行资信、财务状况及相应的偿债能力；

（四）具有经营项目所必需的设备、专业人员、专业技术能力与商业经营管理能力；

（五）有依法缴纳税收和社会保障资金的良好记录；

（六）无违法犯罪记录；

（七）法律、法规规定的其他条件。

第十二条 公园配套服务项目经营期限应当根据行业特点、经营服务内容、规模、方式等因素综合确定，一般不超过5年。

符合条件的城市公园配套服务项目可实施特许经营。特许经营者的选定、经营期限等应符合《基础设施和公用事业特许经营管理办法》《市政公用事业特许经营管理办法》等法规规定。

第十三条 公园配套服务项目自主经营收入以及租金、特许经营管理费等收益，应当专款专用于城市公园的日常运营维护与保护发展。城市园林绿化行政主管部门应会同财政、审计等有关部门加强跟踪监督。

第十四条 城市公园配套服务项目经营者不得出现下列行为：

（一）擅自转让、分包经营项目；

（二）擅自将所经营的财产进行处置或者抵押；

（三）危及公共利益、公众安全；

（四）因经营者自身原因不能提供经营服务；

（五）超出经营范围，从事合同约定以外的经营项目；

（六）擅自将经营所用的配套服务设施改作其他用途；

（七）擅自扩大经营面积，私自搭建经营设施；

（八）擅自对配套服务设施进行改造装修；

（九）经营行为不文明，服务态度恶劣且造成严重后果；

（十）法律、法规及城市公园管理制度禁止的其他行为。

通过招标等形式确定经营者时，应当在招标文件、经营协议等中对上述行为作明确约定。

第十五条 取得城市公园配套服务项目经营权的经营者应当遵守其所在公园的管理规定，服从城市公园管理机构（业主单位）的监督管理。

对违反经营合同或城市公园管理有关规定的经营者，城市公园管理机构（业主单位）有权要求其限期整改；对拒不整改或整改不到位的，可依据合同终止经营合同；违法行为属于《城市绿化条例》第二十九条规定情形的，应当提请城市人民政府（含直辖市区县人民政府）园林绿化行政主管部门依法予以处理。

1.1.2.9 2021年《关于建立健全生态产品价值实现机制的意见》相关内容摘录

2021年4月26日，中共中央办公厅、国务院办公厅印发了《关于建立健全生态产品价值实现机制的意见》。部分内容摘录如下：

一、总体要求

（二）工作原则

保护优先、合理利用。尊重自然、顺应自然、保护自然，守住自然生态安全边界，彻底摒弃以牺牲生态环境换取一时一地经济增长的做法，坚持以保障自然生态系统休养生息为基础，增值自然资本，厚植生态产品价值。

（三）战略取向

——培育经济高质量发展新动力。积极提供更多优质生态产品满足人民日益增长的优美生态环境需要，深化生态产品供给侧结构性改革，不断丰富生态产品价值实现路径，培育绿色转型发展的新业态新模式，让良好生态环境成为经济社会持续健康发展的有力支撑。

——塑造城乡区域协调发展新格局。精准对接、更好满足人民差异化的美好生活需要，带动广大农村地区发挥生态优势就地就近致富、形成良性发展机制，让提供生态产品的地区和提供农产品、工业产品、服务产品的地区同步基本实现现代化，人民群众享有基本相当的生活水平。

——引领保护修复生态环境新风尚。建立生态环境保护者受益、使用者付费、破坏者赔偿的利益导向机制，让各方面真正认识到绿水青山就是金山银山，倒逼、引导形成以绿色为底色的经济发展方式和经济结构，激励各地提升生态产品供给能力和水平，营造各方共同参与生态环境保护修复的良好氛围，提升保护修复生态环境的思想自觉和行动自觉。

——打造人与自然和谐共生新方案。通过体制机制改革创新，率先走出一条生态环境保护和经济发展相互促进、相得益彰的中国道路，更好彰显我国作为全球生态文明建设重要参与者、贡献者、引领者的大国责任担当，为构建人类命运共同体、解决全球性环境问题提供中国智慧和中国方案。

四、健全生态产品经营开发机制

（十一）拓展生态产品价值实现模式。在严格保护生态环境前提下，鼓励采取多样化模式和路径，科学合理推动生态产品价值实现。依托不同地区独特的自然禀赋，采取人放天养、自繁自养等原生态种养模式，提高生态产品价值。科学运用先进技术实施精深加工，拓展延伸生态产品产业链和价值链。依托洁净水源、清洁空气、适宜气候等自然本底条件，适度发展数字经济、洁净医药、电子元器件等环境敏感型产业，推动生态优势转化为产业优势。依托优美自然风光、历史文化遗存，引进专业设计、运营团队，在最大限度减少人为扰动前提下，打造旅游与康养休闲融合发展的生态旅游开发模式。加快培育生态产品市场经营开发主体，鼓励盘活废弃矿山、工业遗址、古旧村落等存量资源，推进相关资源权益集中流转经营，通过统筹实施生态环境系统整治和配套设施建设，提升教育文化旅游开发价值。

（十二）促进生态产品价值增值。鼓励打造特色鲜明的生态产品区域公用品牌，将各类生态产品纳入品牌范围，加强品牌培育和保护，提升生态产品溢价。建立和规范生态产品认证评价标准，构建具有中国特色的生态产品认证体系。推动生态产品认证国际互认。建立生态产品质量追溯机制，健全生态产品交易流通全过程监督体系，推进区块链等新技术应用，实现生态产品信息可查询、质量可追溯、责任可追查。鼓励将生态环境保护修复与生态产品经营开发权益挂钩，对开展荒山荒地、黑臭水体、石漠化等综合整治的社会主体，在保障生态效益和依法依规前提下，允许利用一定比例的土地发展生态农业、生态旅游获取收益。鼓励实行农民入股分红模式，保障参与生态产品经营开发的村民利益。对开展生态产品价值实现机制探索的地区，鼓励采取多种措施，加大对必要的交通、能源等基础设施和基本公共服务设施建设的支持力度。

（十三）推动生态资源权益交易。鼓励通过政府管控或设定限额，探索绿化增量责任指标交易、清水增量责任指标交易等方式，合法合规开展森林覆盖率等资源权益指标交易。健全碳排放权交易机制，探索碳汇权益交易试点。健全排污权有偿使用制度，拓展排污权交易的污染物交易种类和交易地区。探索建立用能权交易机制。探索在长江、黄河等重点流域创新完善水权交易机制。

六、健全生态产品价值实现保障机制

（十八）建立生态环境保护利益导向机制。探索构建覆盖企业、社会组织和个人的生态积分体系，依据生态环境保护贡献赋予相应积分，并根据积分情况提供生态产品优惠服务和金融服务。引导各地建立多元化资金投入机制，鼓励社会组织建立生态公益基金，合力推进生态产品价值实现。严格执行《中华人民共和国环境保护税法》，推进资源税改革。在符合相关法律法规基础上探索规范用地供给，服务于生态产品可持续经营开发。

1.1.2.10 2022年《成都建设践行新发展理念的公园城市示范区总体方案》相关内容摘录

2022年2月28日，国家发展改革委、自然资源部、住房和城乡建设部印发实施《成都建设践行新发展理念的公园城市示范区总体方案》。部分内容摘录如下：

一、总体要求

（一）指导思想

以习近平新时代中国特色社会主义思想为指导，全面贯彻党的十九大和十九届历次全会精神，完整、准确、全面贯彻新发展理念，加快构建新发展格局，坚持以人民为中心，统筹发展和安全，将绿水青山就是金山银山理念贯穿城市发展全过程，充分彰显生态产品价值，推动生态文明与经济社会发展相得益彰，促进城市风貌与公园形态交织相融，着力厚植绿色生态本底、塑造公园城市优美形态，着力创造宜居美好生活、增进公园城市民生福祉，着力营造宜业优良环境、激发公园城市经济活力，着力健全现代治理体系、增强公园城市治理效能，实现高质量发展、高品质生活、高效能治理相结合，打造山水人城和谐相融的公园城市。

（二）工作原则

——统筹谋划、整体推进。把城市作为有机生命体，坚持全周期管理理念，统筹生态、生活、经济、安全需要，立足资源环境承载能力、现有开发强度、发展潜力，促进人口分布、经济布局与资源环境相协调，强化规划先行，做到一张蓝图绘到底。

——聚焦重点、创新突破。突出公园城市的本质内涵和建设要求，聚焦厚植绿色生态本底、促进城市宜居宜业、健全现代治理体系等重点任务，探索创新、先行示范，积极创造可复制可推广的典型经验和制度成果。

——因地制宜、彰显特色。顺应国情实际、树立国际视野，根据成都经济社会发展水平、自然资源禀赋、历史文化特点，制定实施有针对性的政策措施，加快形成符合实际、具有特色的公园城市规划建设管理模式。

（三）发展定位

——城市践行绿水青山就是金山银山理念的示范区。把良好生态环境作为最普惠的民生福祉，将好山好水好风光融入城市，坚持生态优先、绿色发展，以水而定、量水而行，充分挖掘释放生态产品价值，推动生态优势转化为发展优势，使城市在大自然中有机生长，率先塑造城园相融、蓝绿交织的优美格局。

——城市人民宜居宜业的示范区。践行人民城市人民建、人民城市为人民的理念，提供优质均衡的公共服务、便捷舒适的生活环境、人尽其才的就业创业机会，使城市发展更有温度、人民生活更有质感、城乡融合更为深入，率先打造人民美好生活的幸福家园。

（四）发展目标

到2025年，公园城市示范区建设取得明显成效。公园形态与城市空间深度融合，蓝绿空间稳步扩大，城市建成区绿化覆盖率、公园绿化活动场地服务半径覆盖率、地表水达到或好于Ⅲ类水体比例、空气质量优良天数比率稳步提高，生态产品价值实现机制初步建立。历史文化名城特征更加彰显，历史文化名镇名村、历史文化街区、历史建筑、历史地段、传统村落得到有效保护，各类文化遗产更好融入城市规划建设。市政公用设施安全性大幅提升，老化燃气管道更新改造全面完成，防洪排涝能力显著增强。居民生活品质显著改善，基本公共服务均等化水平明显提高，养老育幼、教育医疗、文化体育等服务更趋普惠共享，住房保障体系更加完善，覆盖城区的一刻钟便民生活圈基本建成。营商环境优化提升，科技创新能力和产业发展能级明显提升，绿色产业比重显著提高，居民收入增长和经济增长基本同步。城市治理体系更为健全，城市实现瘦身健体，社会治理明显改善，可持续的投融资机制初步建立。

到 2035 年，公园城市示范区建设全面完成。园中建城、城中有园、推窗见绿、出门见园的公园城市形态充分彰显，生态空间与生产生活空间衔接融合，生态产品价值实现机制全面建立，绿色低碳循环的生产生活方式和城市建设运营模式全面形成，现代化城市治理体系成熟定型，人民普遍享有安居乐业的幸福美好生活，山水人城和谐相融的公园城市全面建成。

二、厚植绿色生态本底，塑造公园城市优美形态

着眼构建城市与山水林田湖草生命共同体，优化城市空间布局、公园体系、生态系统、环境品质、风貌形态，满足人民日益增长的优美生态环境需要。

（五）构建公园形态与城市空间融合格局

依托龙门山、龙泉山“两山”和岷江、沱江“两水”生态骨架，推动龙泉山东翼加快发展，完善“一山连两翼”空间总体布局，使城市成为“大公园”。科学编制城市国土空间规划，统筹划定落实三条控制线。科学划定耕地保护红线和永久基本农田并将其作为最重要的刚性控制线，保护成都平原良田沃土，布局发展大地自然景观。划定落实生态保护红线，合理确定自然保护地保护范围及功能分区。划定落实城镇开发边界，创新城市规划理念，有序疏解中心城区非核心功能，合理控制开发强度和人口密度，严格控制撤县（市）设区、撤县设市，培育产城融合、职住平衡、交通便利、

生活宜居的郊区新城，推动周边县级市、县城及特大镇发展成为卫星城，促进组团式发展。完善城市内部空间布局，调整优化生产生活生态空间比例，促进工业区、商务区、文教区、生活区及交通枢纽衔接嵌套，推动城市内部绿地水系与外围生态用地及耕地有机连接，适度增加战略留白，实现生产空间集约高效、生活空间宜居适度、生态空间山清水秀。（四川省、成都市、自然资源部、生态环境部、住房城乡建设部等负责，以下各项任务均需四川省、成都市贯彻落实，不再列出）

（六）建立蓝绿交织公园体系

描绘“绿满蓉城、水润天府”图景，建立万园相连、布局均衡、功能完善、全龄友好的全域公园体系。建设灵秀峻美的山水公园，依托龙门山、龙泉山建设城市生态绿地系统，推进多维度全域增绿，建设以“锦城绿环”和“锦江绿轴”为主体的城市绿道体系，完善休闲游憩和体育健身等功能，为城市戴上“绿色项链”；依托岷江、沱江建设城市生态蓝网系统，强化水源涵养、水土保持、河流互济、水系连通，加强水资源保护、水环境治理、水生态修复，提高水网密度，打造功能复合的亲水滨水空间。统筹建设各类自然公园、郊野公园、城市公园，均衡布局社区公园、“口袋公园”、小微绿地，推动体育公园绿色空间与健身设施有机融合。（住房城乡建设部、自然资源部、发展改革委、生态环境部、林草局等负责）

（七）保护修复自然生态系统

系统治理山水林田湖草，提升生态系统质量和稳定性。保育秀美山林，夯实龙门山生态屏障功能和龙泉山“城市绿心”功能，加强森林抚育和低效林改造。建设美丽河湖，推进岷江、沱江水系综合治理，统筹上下游、左右岸，加强清淤疏浚、自然净化、生态扩容，在主要河流城镇段两侧划定绿化控制带。守护动物栖息家园，加强生物多样性保护，完善中小型栖息地和生物迁徙廊道系统，建设相关领域科研平台，持续开展大熊猫等濒危易危哺乳动物保护科学研究。（自然资源部、生态环境部、住房城乡建设部、水利部、科技部、林草局等负责）

（八）挖掘释放生态产品价值

建立健全政府主导、企业和社会各界参与、市场化运作、可持续的生态产品价值实现路径。推进自然资源统一确权登记，开展生态产品信息普查、形成目录清单。构建行政区域单元生态产品总值和特定地域单元生态产品价值评价体系，建立反映保护开发成本的价值核算方法、体现市场供需关系的价格形成机制。推进生态产品供给方与需求方、资源方与投资方高效对接，引入市场主体发展生态产品精深加工、生态旅游开发、环境敏感型产业，探索用能权、用水权等权益交易机制。

（十）塑造公园城市特色风貌

优化城市设计，传承“花重锦官城”意象，提高城市风貌整体性、空间立体性、平面协调性。统筹协调新老城区形态风格，在老城区注重传承几千年文化历史沿革，有序推进城市更新，活化复兴特色街区，严禁随意拆除老建筑、大规模迁移砍伐老树；在新城区促进地形地貌、传统风貌与现代美学相融合，严禁侵占风景名胜区内土地。统筹塑造地上地下风貌，推行分层开发和立体开发，增加景观节点和开敞空间，推进路面电网和通信网架空线入廊入地。寓建筑于公园场景，控制适宜的建筑体量和高度，塑造天际线和观山观水景观视域廊道，呈现“窗含西岭千秋雪”美景。丰富城市色彩体系，推进屋顶、墙体、道路、驳岸等绿化美化，加强城市照明节能管理。

三、创造宜居美好生活，增进公园城市民生福祉

开展高品质生活城市建设行动，推动公共资源科学配置和公共服务普惠共享，为人民群众打造更为便捷、更有品质、更加幸福的生活家园。

（十二）推行绿色低碳生活方式

深入开展绿色生活创建行动，树立简约适度、节能环保的生活理念。引导绿色出行，鼓励选择公共交通、自行车、步行等出行方式，推广使用清洁能源车辆。鼓励绿色消费，推广节能低碳节水用品和环保再生产品，减少一次性消费品和包装用材消耗，建立居民绿色消费激励机制。大力发展绿色建筑，推广绿色建材和绿色照明，推行新建住宅全装修交付。建设节约型机关、绿色社区、绿色家庭。

四、营造宜业优良环境，激发公园城市经济活力

围绕增强城市内生增长动力和可持续发展能力，健全绿色低碳循环发展的经济体系，推动壮大优势产业、鼓励创新创业、促进充分就业相统一，使人人都有人生出彩机会。

（十九）推动生产方式绿色低碳转型

锚定碳达峰、碳中和目标，优化能源结构、产业结构、运输结构，推动形成绿色低碳循环的生产方式。推动能源清洁低碳安全高效利用，引导水电、氢能等非化石能源消费和以电代煤，推行合同能源管理。促进工业和交通等领域节能低碳转型，强化重点行业清洁生产和产业园区循环化改造，推进公共交通工具和物流配送车辆电动化、新能源化、清洁化，布局建设公共充换电设施。

1.1.2.11 2022年《关于做好盘活存量资产扩大有效投资有关工作的通知》相关内容摘录

2022年6月19日，国家发展改革委办公厅印发《关于做好盘活存量资产扩大有效投资有关工作的通知》。部分内容摘录如下：

三、灵活采取多种方式，有效盘活不同类型存量资产

各地发展改革部门要协调指导有关方面，根据项目实际情况，灵活采取不同方式进行盘活。对具备相关条件的基础设施存量项目，可采取基础设施领域不动产投资信托基金（以下简称基础设施 REITs）、政府和社会资本合作（PPP）等方式盘活。对长期闲置但具有较大开发利用价值的老旧厂房、文化体育场馆和闲置土地等资产，可采取资产升级改造与定位转型、加强专业化运营管理等，充分挖掘资产潜在价值，提高回报水平。对具备盘活存量和改扩建有机结合条件的项目，鼓励推广污水处理厂下沉、地铁上盖物业、交通枢纽地上地下空间综合开发等模式，拓宽收入来源，提高资产综合利用价值。对城市老旧资产资源特别是老旧小区改造等项目，可通过精准定位、提升品质、完善用途等丰富资产功能，吸引社会资本参与。此外，可通过产权规范交易、并购重组、不良资产收购处置、混合所有制改革、市场化债转股等方式盘活存量资产，加强存量资产优化整合。

四、推动落实盘活条件，促进项目尽快落地

各地发展改革部门要切实发挥盘活存量资产扩大有效投资工作机制作用，与有关部门加强沟通协调，针对存量资产项目具体情况，推动分类落实各项盘活条件。对项目前期工作手续不齐全的项目，推动有关方面按规定补办相关手续，加快履行竣工验收等程序。对需要明确收费标准的项目，要加快项目收费标准核定，完善公共服务和公共产品价格动态调整机制。对产权不明晰的项目，依法依规理顺产权关系，完成产权界定，加快办理相关产权登记。对确需调整相关规划或土地、海域用途的项目，推动有关方面充分开展规划实施评估，依法依规履行相关程序，创造条件积极予以支持。对整体收益水平较低的项目，指导开展资产重组，通过将准公益性、经营性项目打包等方式，提升资产吸引力。

五、加快回收资金使用，有力支持新项目建设

各地发展改革部门要对盘活存量资产回收资金使用情况加强跟踪监督，定期调度回收资金用于重点领域项目建设、形成实物工作量等情况，推动尽快形成有效投资。对回收资金拟投入的新项目，要加快推进项目审批核准备案、规划选址、用地用海、环境影响评价、施工许可等前期工作，促进项目尽快开工建设，尽早发挥回收资金效益。对使用回收资金建设的投资项目，在安排中央预算内投资、地方政府投资资金时，可在同等条件下给予优先支持，也可按规定通过地方政府专项债券予以支持。

1.1.3 公园开放共享工作内容

（1）摸清公园底数

各试点城市要认真梳理公园绿地中的空闲地、可供游憩活动的草坪区和林下空间等，以及周边可提供配套服务设施的情况，如卫生间、驿站、管理用房、急救点、垃圾收集点、售货点、安全监控等，建立可供开放共享的绿地台账。开放共享区域应处于地形相对平整，服务设施、应急保障相对完善和便捷的区域，避开存在自然灾害风险以及生态脆弱区域，避开易干扰野生动物繁衍和活动的区域。

（2）编制开放共享方案

各试点城市要科学编制试点实施方案，根据实际情况确定公园绿地中可开放共享区域、开放时间、可开展的活动类型、游客承载量，以及完善设施配套、提升服务功能、加强植物养护管理和游客服务保障等措施。其中，开放用于游憩活动的草坪区域要根据植物生长周期和特性，以及可推广地块轮换养护管理等制度，避免植被遭过度践踏影响正常生长。

（3）开展试点探索

各城市可结合实际分批次开放有条件的公园绿地等绿色空间。确定开放的区域，通过本地媒体主动公开开放共享的区域范围、开放时间、可开展的活动类型、使用要求等。根据人民群众使用需求和试点中发现的问题，不断完善开放共享区域养护管理制度和配套服务设施，提升精细化管理服务水平。加强安全管理，遇暴雨、大风、高温等极端天气，应采取临时关闭等动态管理措施，并通过通告等形式提前通知。

（4）总结工作经验

各城市围绕划定开放共享区域的选址要求、配套服务设施建设运行、植物养护管理制度、游客服务保障和应急管理机制建设等进行认真总结，研究编制符合本地区实际的开放共享区域划定管理技术指南，不断完善相关管理制度，提出进一步开放共享公园绿地的思路和对策。

1.2 绿色低碳生活概述

随着全球气候变化和环境恶化的日益严重，生态环境问题已成为当今世界的重要议题。2018年12月举办的气候变化大会（第24次缔约方会议）（以下简称“会议”）的一个关键议题是全球资源消耗的急剧增长及其对环境的深远影响。会议指出：当前的生活方式是不可持续的。随着全球人口的增长和经济的快速发展，对自然资源的需求急剧上升，且这种增长趋势仍在持续。自1970年以来，全球资源的开采量已增加了两倍有余，其中化石燃料的使用量增幅高达45%。这一现象不仅加剧了温室气体的排放，而且对生物多样性和水资源的保护构成了严重威胁。材料、燃料和粮食的开采与加工过程中产生的温室气体排放，占据了全球温室气体排放总量的一半，导致超过90%的生物多样性丧失和水资源短缺问题。这种对资源的过度消耗表明，当前的生活方式已超出了地球生态系统的承载能力。据估计，维持现有生活方式所需的资源相当于1.6个地球的容量，这一事实凸显了生态系统面临的巨大压力。为了应对能源危机和气候变暖的威胁，联合国在会议上发起“即刻行动”运动，旨在动员每一个人为实现17项可持续发展目标（SDGs）而努力。“即刻行动”运动强调的是紧迫性和个人参与的重要性，它号召全球公民立即采取行动，而不是等待未来的到来。

“即刻行动”指出：我们都能以更可持续的方式生活，并为大家建造更美好的世界。但这意味着要审视我们的生活方式，并了解我们的生活方式选择如何影响我们周围的世界。我们所做的选择和我们的生活方式对地球具有深远的影响。可持续生活是实现可持续发展目标的重要组成部分，涉及减少资源消耗、使用可再生能源、减少废物和污染，以及采取环保的消费和生活习惯。这种绿色、低碳的生活方式旨在为健康的地球采取行动，具体包括居家节能、改变家庭能源来源、改变出行方式、减少浪费并增加再利用、修理、回收，多吃蔬菜、减少食物浪费、清理环境等。这不仅有助于保护环境，还能提高生活质量和促进健康，以实现可持续发展目标——确保到2030年，世界各地的人们都能获得与自然和谐相处的可持续发展和生活方式方面的相关信息、教育和认识。

面对当前环境问题，中国在应对气候变化的征程中也不断迈出新步伐。中国践行创新、协调、绿色、开放、共享的发展理念，着力促进经济实现高质量发展，决心走绿色、低碳、可持续发展之路。绿色低碳生活是绿色低碳发展的重要组成部分，绿色低碳生活强调的是在日常生活中减少能源消耗和碳排放，促进可持续发展。它不仅是一种环保理念，更是一种生活态度和行为方式，旨在通过个人的努力，为减缓全球气候变化做出贡献。早在2017年5月26日，习近平总书记就在十八届中央政治局第四十一次集体学习时提出：推动形成绿色发展方式和生活方式，是发展观的一场深刻革命。这就要坚持和贯彻新发展理念，正确处理经济发展和生态环境保护的关系，像保护眼睛一样保护生态环境，像对待生命一样对待生态环境，坚决摒弃损害甚至破坏生态环境的发展模式，坚决摒弃以牺牲生态环境换取一时一地经济增长的做法，让良好生态环境成为人民生活的增长点、成为经济社会持续健康发展的支撑点、成为展现我国良好形象的发力点，让中华大地天更蓝、山更绿、水更清、环境更优美。2020年12月12日，习近平总书记在气候雄心峰会上强调：绿水青山就是金山银山。要大力倡导绿色低碳的生产生活方式，从绿色发展中寻找发展的机遇和动力。党的二十大报告明确将“广泛形成绿色生产生活方式，碳排放达峰后稳中有降”列为2035年基本实现社会主义现代化的重要目标。实现绿色转型不仅依靠技术进步，也需要消费心理、生活方式系统而深刻的转变。鉴于中国是发展中国家，人均国内生产总值的持续增长将是一个长期事实，由于经济增长需要消费来推动，更多的消费意味着更多的碳排放，解决经济增长和保护环境间的矛盾需要鼓励绿色低碳消费。因此，绿色低碳生活是实现人与自然和谐共生式包容性发展的必然要求。2023年12月27日，《中共中央 国务院关于全面推进美丽中国建设的意见》就“践行绿色低碳生活方式”作出专门部署，提出倡导简约适度、绿色低碳、文明健康的生活方式和消费模式，明确发展绿色旅游，持续推进“光盘行动”、鼓励绿色出行等具体要求。这些基本举措，是贯彻落实习近平生态文明思想的务实之举，有助于形成人人、事事、时时、处处崇尚生态文明的社会氛围，凝聚起全面推进美丽中国建设、加快推进人与自然和谐共生的中国式现代化的澎湃力量。

近年来，绿色低碳生活的理念逐渐渗透于公众的日常生活中。作为一种深刻体现人与自然和谐共处理念的生活方式，绿色低碳生活强调在日常生活中减少资源消耗和环境污染，以实现生态环境的可持续性。这种生活方式不仅是一种环保行为的实践，更是对中华民族勤俭节约传统美德的传承与弘扬。从历史深处走来的中华优秀传统生态文化，如“天人合一”“仁民爱物”等思想，为我们今天倡导的绿色低碳生活提供了丰富的哲学思考和行动指南。在现代社会，随着人们对美好生活需求的不断增长，绿色低碳生活已经成为满足这种需求、提升生活质量的重要途径。绿色低碳生活涵盖了节约资源、环保消费、绿色出行、健康饮食、循环利用和生态教育等多个方面。这些行为不仅有助于减少能源消耗和碳排放，还能促进社会形成尊重自然、顺应自然、保护自然的良好风尚。生态环境部于2023年6月发布的《中外公众绿色生活方式比较研究报告》显示，我国近八成受访者能够在多数情况下“及时关闭不使用的电器、电灯”或“刷牙或打肥皂时关闭水龙头”，超六成受访者会在多数情况下将“夏季空调温度设置不低于26℃”，75.3%的受访者在多数情况下能做到“前往较近的地点时，选择步行或骑自行车、电动车”。这反映了绿色发展理念已经深入人心，成为人们生活的一部分。通过这些具体的行动，绿色低碳生活方式正在成为推动社会进步和文明发展的重要力量。此外，绿色低碳生活还承载着推动中国式现代化的使命，它要求我们在尊重自然规律的基础上，实现生产发展、生活富裕与生态良好相统一的文明发展之路。通过每个人的参与和贡献，我们将共同绘制出美丽中国的新画卷，为实现人与自然和谐共生的现代化社会贡献力量。

风景园林作为人居环境学科，在创造绿色低碳生活、实现绿色低碳发展方面具有独特的优势。我国目前提出的园林城市、生态城市、公园城市与韧性城市等概念，都体现了我国在提升城市韧性与城市碳汇中的行动主导方向。公园作为绿色低碳生活的重要载体，是改变居民生活方式的重要媒介，可以发挥出一系列社会效益，让更广泛的城市居民投入减碳行动。实现公园开放共享对践行绿色低碳生活具有重要意义，结合公园绿地开展多元、直观和有吸引力的展览宣传，能有助于有效构建低碳社会。公园作为自然教育的主要平台之一，可以增强公众对生态环境保护的认识和理解，从而促进绿色低碳生活理念的普及。公园绿地提供了散步、跑步、骑行等户外活动的空间以实现绿色出行，有助于减少对高碳排放交通工具的依赖，同时增进人们的身体健康。鼓励社区居民与风景园林师一同参与公园的维护和管理，可以培养社区成员的责任感和归属感，同时推动社区层面的绿色低碳实践。

1.3 相关文件解读

1.3.1 公园管理相关标准（表 1-2）

表 1-2 公园管理相关标准总结

标 准	重 点	意 义
《城市公园管理办法（征求意见稿）》	①以人民为中心，推动共建共治共享；②鼓励公园绿地开放共享；③规范草坪区域轮换养护；④完善配套服务设施，提升多元服务功能；⑤鼓励配套服务经营，激发公园活力	促进城市公园事业发展，改善城市生态和人居环境，满足人民群众对美好生活的需要
《园林绿化养护标准》	①规范喷灌、滴灌系统使用；②规范农药喷施操作；③加强行道树巡护；④规范草坪养护；⑤加强机械操作人员培训；⑥规范绿地清理与保洁；⑦规范附属设施管理；⑧规范景观水体管理；⑨加强安全保护	规范园林绿化养护工作，提升园林绿化管理水平，保障园林绿化景观效果和生态功能，促进园林绿化事业发展
《关于推动露营旅游休闲健康有序发展的意见》	①分类指导，规范发展；②扩大服务供给；③提升产品服务品质；④加强标准引领；⑤推动全产业链发展；⑥规范管理经营；⑦落实安全防范措施；⑧加强宣传推广；⑨引导文明露营	促进露营旅游休闲健康有序发展，满足人民群众旅游休闲消费体验新需求，满足美好生活需要，推动旅游产业转型升级，促进生态环境保护，实现可持续发展
《北京市公园配套服务项目经营准入标准（试行）》	①规范配套服务项目经营活动；②明确项目准入条件；③规范经营行为；④加强监督管理	规范公园配套服务项目经营活动，提升公园服务管理水平，促进公园事业健康发展，保障游客合法权益
《北京市公园绿色帐篷区管理指引（试行）》	①规范公园绿色帐篷区管理；②明确适用范围和原则；③规范配套设施建设；④规范安全措施	加强公园帐篷区规范化管理，推动公园帐篷露营健康发展，满足人民群众休闲需求，保障游客安全

（续）

标 准	重 点	意 义
《北京市公园分类分级管理办法》	①推进公园差异化、精细化服务；②明确公园等级划分标准和评定方法；③规范公园等级评定程序	推进全市公园差异化、精细化服务管理，满足人民群众休闲游憩的多元需求，促进公园事业健康发展
《国务院关于加快建立健全绿色低碳循环发展经济体系的指导意见》	倡导绿色低碳生活方式，改善城乡人居环境	加快建立健全绿色低碳循环发展经济体系，推动经济社会发展全面绿色转型
《中国应对气候变化的政策与行动》白皮书	绿色低碳生活成为新风尚	展示中国应对气候变化的政策和行动，推动全社会参与应对气候变化，为全球气候治理贡献力量
《新时代的中国绿色发展》白皮书	绿色生活方式成为新风尚	展示新时代中国绿色发展的成就和经验，为全球可持续发展提供中国智慧和中国方案，推动绿色发展理念深入人心

表1-2中所列标准涵盖了城市公园管理、园林绿化养护、露营旅游休闲、绿色低碳发展等多个方面，共同构成了推动中国城市公园事业健康发展和生态环境保护的重要政策框架。

这些标准体现了以人为本的发展理念，旨在提升城市公园的生态效益、社会效益和经济效益，满足人民群众日益增长的休闲游憩需求，促进人与自然和谐共生。标准内容涵盖了公园规划、建设、管理、服务等多个环节，对公园的生态环境、景观质量、服务质量、安全管理等方面提出了明确要求，为城市公园事业的健康发展和生态文明建设提供了重要的制度保障。同时，这些标准也体现了中国政府推动绿色低碳循环发展的决心和行动，鼓励绿色低碳生活方式，加强生态文明建设，为实现可持续发展目标奠定了坚实基础。

1.3.2 2023年《城市公园管理办法》相关内容摘录

2023年11月23日，为促进城市公园事业发展，改善城市生态和人居环境，住房城乡建设部研究起草了《城市公园管理办法（征求意见稿）》。部分内容摘录如下：

第四条 城市公园事业发展应当坚持以人民为中心的发展思想，尊重自然、顺应自然、保护自然，传承中国园林文化，让城市公园成为人民群众共享的绿色空间。

第八条 鼓励自然人、法人和非法人组织通过认建认养、捐资捐物、志愿服务、科学研究等形式，参与城市公园的建设、管理和服务，促进城市公园共建共治共享。

第二十三条 城市园林绿化主管部门应当组织开展公园绿地开放共享工作。

城市公园管理单位应当按照要求在具备条件的城市公园内开放草坪区域用于游憩活动，在显著位置设置告示牌，公布开放范围、开放时间等信息，并完善周边卫生间、垃圾收集点、安全监控等配套服务设施。

第二十四条 开放草坪区域的城市公园，城市公园管理单位应当根据植物生长周期和特性，以及游客规模等，建立草坪区域轮换养护管理制度。

开放的草坪区域宜采取交叉循环方式实行轮换养护，因轮换养护或者其他特殊情况需要临时关闭开放区域的，应当提前公示。开放共享区域禁止使用明火。

第二十五条 城市公园管理单位应当结合公园实际情况和游客需求，完善文化、科普、阅读、健身等配套服务设施，提升城市公园多元服务功能。

鼓励城市公园管理单位应用电子显示屏等现代信息技术和设施开展公益宣传，向公众宣传社会主义核心价值观、法律法规、科学知识等。

第二十六条 鼓励城市公园管理单位依法开展配套服务经营，激发公园活力。城市公园内设立配套服务设施的，应当符合已批准的城市公园建设项目设计方案及有关技术标准要求。

城市园林绿化主管部门可以制定城市公园配套服务项目经营管理制度，规范公园配套服务项目经营活动。

1.3.3 2018年《园林绿化养护标准》相关内容摘录

2018年11月7日，住房和城乡建设部发布《园林绿化养护标准》公告，指定《园林绿化养护标准》为行业标准，编号为CJJ/T 287—2018，自2019年4月1日起实施。部分内容摘录如下：

5 植物养护

5.2.8 中树木灌溉与排水的原则、方法、时期应符合下列规定：

5 应经常检查喷灌或滴灌系统，确保运转正常。喷灌喷水的有效范围应与园林植物的种植范围一致，并应协调好游人、行人关系，定时开关，专人看管。

7 用水车浇灌树木时，应接软管，进行缓流浇灌，保证一次浇足浇透，不得使用高压冲灌。道路绿地浇灌不宜在交通高峰期进行。

8 一天中灌溉的时间应根据季节与气温决定。夏秋高温季节，不宜在晴天的中午喷灌或洒灌，宜在12:00之前或16:00之后避开高温时段进行；冬季气温较低，需灌溉时，宜在9:00之后或16:00之前进行，并应防止结冰影响行人通行。

5.2.10 树木有害生物防治的原则、方法应符合下列规定：

6 应按照农药操作规程进行作业，喷洒药剂时应避开人流活动高峰期或在傍晚无风的天气进行。

7 采用化学农药喷施，应设置安全警示标志，果蔬类喷施农药后应挂警示牌。

5.2.13 树木的防护应符合下列规定：

2 应加强对行道树的日常巡护，及时对出现倒伏、歪斜的树木进行扶正。

5.4.5 3年生以上草坪应根据生长状况打孔，清除打出的芯土、草根，并撒入营养土或沙粒；开放型草坪应根据人为干扰的程度实施轮流封闭休养恢复，保持正常长势。

5.4.8 使用剪草机（车）、割灌机、打孔机、垂直刈割机等机械时，应对操作人员进行岗前培训。大型机械使用过程中，应对施工现场进行围合、警示。

6.2 绿地清理与保洁

6.2.1 绿地应保持清洁，并整理清除影响景观的杂物、干枯枝叶、树挂、乱涂乱画、乱拴乱挂、乱停乱放、乱搭乱建等。

6.2.2 收集的垃圾杂物和枯枝落叶应及时清运，不得随意焚烧。

6.2.3 各种与绿地无关的张贴物或设施应及时清除。

6.3 附属设施管理

6.3.1 对于园林绿地中的建筑及构筑物的管理应符合下列规定：

1 应保持外观整洁，构件和各项设施完好无损。

2 室内陈设应合理，并保持清洁、完好。

3 应保持厕所地面干燥，定期消毒，其环境卫生要求应符合现行国家标准《城市公共厕所卫生标准》GB/T 17217的有关规定。

4 应消除结构、装修和设施的安全隐患。

6.3.2 道路和铺装广场的管理应符合下列规定：

1 铺装面、侧石、台阶、斜坡等应保持平整无凹凸，无积水。

2 应保持铺装面清洁、防滑，无障碍设施完好。

3 损坏部分应消除安全隐患，及时修补。

6.3.3 假山、叠石的管理应符合下列规定：

1 假山、叠石应保证完整、稳固、安全。不适于攀爬的叠石应配备醒目提示标识和防护设备。假山结构和主峰稳定性应符合抗风、抗震要求。

2 假山四周及石缝不得有影响安全和景观的杂草、杂物。

3 假山、叠石的放置与园林植物的配置应协调，相辅相成保证景观效果。

6.3.4 娱乐、健身设施应明确操作规程，使用与管理要求应符合现行国家标准《大型游乐设施安全规范》GB 8408的有关规定。

6.3.5 给水排水设施的管理应符合下列规定：

1 应保持管道畅通，无污染。

2 外露的检查井、进水口、给水口、喷灌等设施应随时保持清洁、完整无损，寒冷地区冬季应采取防冻裂保护措施。

3 防汛、消防、防火、应急避险等设备应保持完好，满足功能要求。

6.3.6 输配电、照明的管理应符合下列规定：

1 应定期检测，并保持运转正常。

2 照明设施应保持清洁、有足够照度，无带电裸露部位。

3 各类管线设施应保持完整、安全。

4 太阳能设施应确保完整无损，运行正常。

5 应确保安全警示标志位于明显位置。

6.3.7 园凳、园椅的管理应符合下列规定：

1 应保持园凳、园椅的外观整洁美观，坐靠舒适、稳固，无损坏。

2 维修、油漆未干时，应设置醒目的警示标志。

6.3.8 垃圾箱外观应保持整洁完整，无污垢陈渍；箱内应无沉积垃圾、无异味、无蚊蝇滋生。

6.3.9 标识牌应保持外观整洁，构件完整，指示清晰明显，对破损的标识牌应及时修补或更换。

6.3.10 绿地防护设施（护栏）、无障碍设施、树木支撑、树穴盖板、花箱（花钵）等设施应确保外观整洁，完整无损。

6.3.11 雨水收集设施应保持外观整洁，设施通畅，完整无损，运行正常。

6.3.12 广播及监控设施应保持外观整洁，设施完整无损，运行正常。

6.4 景观水体管理

6.4.1 再生水作为景观环境用水时，其水质应符合现行国家标准《城市污水再生利用景观环境用水水质》GB/T 18921的有关规定。

6.4.2 景观水体应保持水面清洁，水位正常。

6.4.3 驳岸、池壁应确保安全稳固，无缺损，整洁美观。

6.4.4 安全提示应确保标志明显，位置合理。

6.4.5 水景设施及水系循环、动力及排灌设施应保持完好，运行正常。

6.6 安全保护

6.6.1 绿地应定期进行专项巡视，内容应包括绿地内植物生长状况及景观效果、绿地卫生、附属设施、抗震减灾设施、应急避难场所及安全隐患等，及时处理并记录所发现问题。绿地应按需配备安保人员。

6.6.2 暴风雨、暴雪等来临前，应检查树木绑扎、立桩情况，设置支撑，保持稳固。大雪大风后应及时检查苗木的损伤情况，清除倒伏苗木及存在安全隐患的树枝。

6.6.3 高温暑热、低温寒冷等极端天气，应对植物、附属设施等做好防护措施。防护情况应及时检查，发现问题应及时补救。

6.6.4 公园、广场人流量多的地方宜安装监控设施。

1.3.4 2022年《关于推动露营旅游休闲健康有序发展的意见》相关内容摘录

2022年11月21日，文化和旅游部、中央文明办、国家发展改革委等14部门联合印发《关于推动露营旅游休闲健康有序发展的指导意见》（以下简称《指导意见》），旨在顺应人民群众旅游休闲消费体验新需求，扩大优质供给，保障露营旅游休闲安全，推动露营旅游休闲健康有序发展，不断满足人民日益增长的美好生活需要。部分内容摘录如下：

二、基本原则

（二）分类指导、规范发展。推动公共营地建设，扩大公共营地规模，提升服务质量。鼓励支持经营性营地规范建设，提高露营产品品质。鼓励利用各类现有空间和场所，依法依规发展露营旅游休闲功能区。

（五）产业协同、融合发展。发挥旅游带动作用，推动露营旅游休闲上下游产业链各环节协同发展，延伸露营旅游休闲产业链。加强业态融合创新，推动露营与文化、体育等业态融合。

三、重点任务

（二）扩大服务供给。鼓励各地根据需求，因地制宜建设一批公共营地。在符合管理要求的前提下利用各类空间建设公共营地，提升公共营地建设水平和服务品质。鼓励各地用好相关政策，支持经营性营地项目建设。支持市场主体做大做强。在符合相关规定和规划的前提下，探索支持在转型退出的高尔夫球场、乡村民宿等项目基础上发展露营旅游休闲服务。鼓励有条件的旅游景区、旅游度假区、乡村旅游点、环城游憩带、郊野公园、体育公园等，在符合相关规定的前提下，划出露营休闲功能区，提供露营服务。鼓励城市公园利用空闲地、草坪区或林下空间划定非住宿帐篷区域，供群众休闲活动使用。同时，完善相关配套设施，根据植物生长周期和特性，制定切实可行的开放时间，建立地块轮换制度，避免植被被过度践踏，加强植物养护和设施环境维护管理。

依据自然保护地相关法律法规及管控要求，进一步完善露营地建设标准，审慎探索在各类自然保护地开展露营地建设和露营旅游。

（三）提升产品服务品质。大力发展自驾车旅居车露营地、帐篷露营地、青少年营地等多种营地形态，满足多样化露营需求。推进文化和旅游深度融合发展，充分挖掘文化资源，丰富露营旅游休闲体验。鼓励和引导营地与文博、演艺、美术等相关机构合作，结合音乐节、艺术节、体育比赛等群众性节事赛事活动，充实服务内容。与户外运动、自然教育、休闲康养等融合，打造优质产品。鼓励提升营地配套餐饮、活动组织等服务，提高露营旅游休闲品质。

（四）加强标准引领。加大对《休闲露营地建设与服务规范》国家标准、《自驾车旅居车营地质量等级划分》旅游行业标准等的宣传贯彻力度，不断强化标准研制，完善标准体系，引领产品服务提质升级。鼓励地方和社会团体结合国家和行业标准出台地方标准、团体标准和配套措施，并组织实施。各地可根据实际情况依标准组织开展C级自驾车旅居车营地认定，打造优秀营地品牌。

（五）推动全产业链发展。做大做强露营旅游休闲上下游产业链，提升全产业链整体效益。引导露营营地规模化、连锁化经营，孵化优质营地品牌，培育龙头企业。鼓励支持旅居车、帐篷、服装、户外运动、生活装备器材等国内露营行业相关装备生产企业丰富产品体系，优化产品结构。创新研发个性化、高品质露营装备，打造国际一流装备品牌。培育露营产业咨询培训、规划设计等专业机构。鼓励露营餐饮、活动组织等配套服务企业创新产品服务。支持旅行社开发露营旅游休闲产品，开展露营俱乐部业务，强化互联网平台等渠道分销和服务能力建设。

（六）规范管理经营。露营旅游休闲经营主体要严格遵守有关法律和生产经营相关各项规定，依法依规取得开展露营旅游休闲服务所需营业执照及卫生、食品、消防等相关证照或许可，加强治安、消防、森林草原防灭火等管理。营地要有明码标价的收费标准、游客须知，提供真实准确的宣传营销信息。严格遵守各项疫情防控要求，切实落实防疫举措。

（七）落实安全防范措施。露营旅游休闲经营主体要严格落实安全防范措施，严格遵守消防、食品、卫生、生态环境保护、防灾、燃气等方面安全管理要求，建立相关应急预案，配备必要的监测预警、消防设施设备。强化汛期旅游安全管理，落实灾害预警发布主体责任，细化转移避险措施，开展安全宣传，设置警示标识，一旦预报有强降雨过程，开展巡查管控，必要时果断采取关闭营地、劝离转移游客等措施。强化防火宣传教育，严格落实森林草原火灾防控要求和野外用火管理规定，森林草原高火险期禁止一切野外用火。提前研判节庆、假期出游情况，在旅游高峰期加强安全提示和信息服务，做好安全信息发布。设置野外安全导览标识和安全提示，做好应急物资储备，避免在没有正式开发开放接待旅游者、缺乏安全保障的“野景点”和违规经营的私设“景点”开展露营活动。推动营地上线平台导航，安装摄像头等安全管理设备。鼓励保险机构创新推出露营旅游休闲保险服务，围绕场地责任、设施财产、人身意外等开发保险产品。

（八）加强宣传推广。鼓励各类媒体加强对露营旅游休闲的宣传引导，坚持正确导向，树立健康文明的露营旅游休闲消费观念，推广大众露营文化，培育大众露营市场。推出一批在增进精神文明、传播优秀文化、倡导绿色旅游和促进青少年教育等方面有积极意义的露营旅游休闲典型案例。鼓励各地因地制宜、突出特色，组织开展露营展览、节庆等地方性节事活动，在相关活动和展会中增加露营展示推介内容。

（九）引导文明露营。把绿色旅游、文明露营作为文明旅游的重要任务，纳入文明城市、文明村镇等创建内容，进一步提升公民旅游文明素质，树立文明新风尚。大力宣传、广泛普及文明露营和绿色旅游知识，让游客厚植文明健康理念、践行绿色环保生活。积极倡导“无痕露营”出游方式，引导游客培养文明、绿色、安全露营习惯，自觉做好公共环境卫生维持、公共秩序维护、公共设施规范使用等。

四、组织保障

（三）提供资金支持。完善对纳入国家和地方相关规划和年度建设计划的营地项目的支持机制。综合运用现有资金渠道支持公共营地、与干线公路连接道路、停车场、厕所、电信、环卫、消防等基础设施建设和水、电、气、排污、垃圾处理等配套设施建设以及基本管理维护投入。鼓励各地采取政府和社会资本合作等多种方式支持营地建设和运营。

（五）搭建行业平台。发挥各类相关行业协会平台作用，制定行业规范，发布行业倡议，推动行业自律，维护行业合法权益，建立行业沟通协调机制，对接市场主体，促进行业交流。指导市场主体做好产品建设，引导游客文明安全规范露营。

（六）加强理论和人才支撑。加强对露营旅游休闲发展的现实问题、热点问题和难点问题研究。健全露营专业人才教育培训体系，加大领军人才、急需紧缺人才培养力度，打造与行业发展相适应的高素质人才队伍。整合政府部门、科研院所、企业、行业组织等资源，完善露营人才培养、引进、使用体系。

1.3.5 2022年《北京市公园配套服务项目经营准入标准（试行）》相关内容摘录

2022年7月，为规范公园配套服务项目经营活动，提升公园服务管理水平，促进公园事业健康发展，根据相关法规、规范，北京市园林绿化局印发了《北京市公园配套服务项目经营准入标准（试行）》。部分内容摘录如下：

二、适用范围

本标准中所指的配套服务项目，是指公园管理机构（业主单位）或通过市场竞争机制选择的经营者按照有关法律、法规规定，引入社会资本投资、建设、运营公园内配套服务项目的行为，包括餐饮零售、游览游艺、文化休闲、体育健身、应急救援、智慧管理、无障碍环境等各类配套服务项目。

四、项目准入条件

（六）公园配套服务项目经营不得出现下列情形：

1. 设立私人会所，改变公园内建（构）筑物等公共资源属性，包括实行会员制的场所、只对少数人开放的场所、违规出租经营的场所；

2. 利用“园中园”进行变相经营，损害群众利益；

3. 擅自新建、改建、扩建公园配套服务设施和场地；

4. 因经营而改变或破坏公园内建（构）筑物原有风貌和格局；

5. 将公园管理用房用于配套服务项目经营；

6. 法律、法规禁止的其他情形。

1.3.6 2022年《北京市公园绿色帐篷区管理指引（试行）》相关内容摘录

2022年7月，为加强公园帐篷区规范化管理，推动公园帐篷露营健康发展，北京市园林绿化局印发了《北京市公园绿色帐篷区管理指引（试行）》。部分内容摘录如下：

第一章 管理机构和原则

第一条 本指引中公园绿色帐篷区是指各类公园利用园中空闲地、现有铺装或非观赏性草坪为市民提供搭设非住宿帐篷的公共休闲区域。

第二条 本指引主要适用于公园向市民开放的绿色帐篷区日常管理。绿色帐篷区原则上夜间不开放。公园内经营性绿色帐篷区参照执行《北京市公园配套服务项目经营准入标准》（京绿办发〔2022〕185号）等相关规定。

第三条 市园林绿化主管部门负责全市公园绿色帐篷区管理指导和检查工作；区园林绿化主管部门负责本区公园绿色帐篷区的监督管理工作；各公园管理机构负责绿色帐篷区的日常管理工作，建立卫生、安全等相关管理制度。

第四条 本市公园绿色帐篷区管理遵循“绿色低碳、因地制宜、文明健康、安全有序”的总体原则，尽量减少对自然环境的干扰。

第三章 配套服务

第十条 推广使用节能产品，提倡配备无人值守售货点、卫生间，鼓励自助服务。销售商品应以公益性为主，明码标价，保证食品安全。

第十一条 其他文体、娱乐配套服务应以立足市民基本需求，遵循简约、安全、优质的服务原则，并与场地环境相适宜。

第十二条 公园绿色帐篷区倡导预约使用，管理机构（主体）通过公众号等平台对帐篷营位实行网上预约，实现对人流量的有效管理。

第五章 安全措施

第十七条 在绿色帐篷区域周围设置安全监控摄像头、防火器材等，统筹将火灾、治安、疾病等突发事件纳入公园总体应急预案。在入口及场地内设置明显安全提示和救援电话。

第十八条 公园绿色帐篷区禁止烧烤、烹饪等任何形式用火行为，按照规范放置消防器材。

第十九条 帐篷不允许全封闭，要能从外面观察到帐内情况，以便巡查人员发现安全隐患，及时提醒或救助。

第二十条 帐篷区域严防蛇虫鼠蚁，不擅自尝食野花、野果，爱护林木、绿地及其他公共设施。贵重物品自行妥善保管，照看好随行老人及儿童。

第二十一条 遇高温、大风、暴雨等特殊天气，服从场地管理人员指挥，确保安全有序。

1.3.7 2022年《北京市公园分类分级管理办法》相关内容摘录

2022年6月，为进一步推进全市公园差异化、精细化服务管理，满足人民群众休闲游憩的多元需求，北京市园林绿化局印发《北京市公园分类分级管理办法》。部分内容摘录如下：

第一条 为推进全市公园差异化、精细化服务，满足人民群众休闲游憩的多元需求，实行全市公园分类分级管理，依据《北京市公园条例》《北京市湿地保护条例》《风景名胜区条例》《森林公园管理办法》《城市绿地分类标准》等法规、标准，结合本市实际，制定本办法。

第六条 依据《北京市公园条例》、相关标准规范及政策要求，结合公园现状品质、管理水平和服务需求，本市公园基础等级分为以下四级：

（一）一级公园：品质优秀，管理水平高，具有示范带动作用的公园。

（二）二级公园：品质良好，管理水平较高的公园。

（三）三级公园：品质较好，管理水平达标的公园。

（四）四级公园：品质一般，管理水平基本达标的公园。

自然（类）公园参照相关规定分为国家级、市级两个等级。

第七条 除相关法规有明确规定的以外，公园类别主要根据功能定位、属性特征、公园规模、用地性质、服务对象等内容进行评定，详见《公园类别评定条件对照表》（附件2）。对于部分邻近城市集中建设区、具有城市公园形态、发挥城市公园功能的公园，可依据实际用途按综合公园、社区公园或专类公园评定。

第八条 初次评定公园等级时，从基本情况（30分）、保护维护（40分）、服务运营（30分）、加分项（10分）等4个方面定量赋分，总分110分。评分≥85分为一级、70~84分为二级、60~69分为三级、<60分为四级，详见《公园等级评价指标表》（附件3）。评

价周期内存在否决项的公园，取消该公园的评级资格。

1.3.8 2021年《国务院关于加快建立健全绿色低碳循环发展经济体系的指导意见》相关内容摘录

2021年2月，国务院发布《国务院关于加快建立健全绿色低碳循环发展经济体系的指导意见》。部分内容摘录如下：

四、健全绿色低碳循环发展的消费体系

（十四）倡导绿色低碳生活方式。厉行节约，坚决制止餐饮浪费行为。因地制宜推进生活垃圾分类和减量化、资源化，开展宣传、培训和成效评估。扎实推进塑料污染全链条治理。推进过度包装治理，推动生产经营者遵守限制商品过度包装的强制性标准。提升交通系统智能化水平，积极引导绿色出行。深入开展爱国卫生运动，整治环境脏乱差，打造宜居生活环境。开展绿色生活创建活动。

五、加快基础设施绿色升级

（十八）改善城乡人居环境。相关空间性规划要贯彻绿色发展理念，统筹城市发展和安全，优化空间布局，合理确定开发强度，鼓励城市留白增绿。建立"美丽城市"评价体系，开展"美丽城市"建设试点。增强城市防洪排涝能力。开展绿色社区创建行动，大力发展绿色建筑，建立绿色建筑统一标识制度，结合城镇老旧小区改造推动社区基础设施绿色化和既有建筑节能改造。建立乡村建设评价体系，促进补齐乡村建设短板。加快推进农村人居环境整治，因地制宜推进农村改厕、生活垃圾处理和污水治理、村容村貌提升、乡村绿化美化等。继续做好农村清洁供暖改造、老旧危房改造，打造干净整洁有序美丽的村庄环境。

1.3.9 2021年《中国应对气候变化的政策与行动》白皮书相关内容摘录

2021年10月27日国务院新闻办公室发布《中国应对气候变化的政策与行动》白皮书。部分内容摘录如下：

三、中国应对气候变化发生历史性变化

（五）绿色低碳生活成为新风尚

践行绿色生活已成为建设美丽中国的必要前提，也正在成为全社会共建美丽中国的自觉行动。中国长期开展"全国节能宣传周""全国低碳日""世界环境日"等活动，向社会公众普及气候变化知识，积极在国民教育体系中突出包括气候变化和绿色发展在内的生态文明教育，组织开展面向社会的应对气候变化培训。"美丽中国，我是行动者"活动在中国大地上如火如荼展开。以公交、地铁为主的城市公共交通日出行量超过2亿人次，骑行、步行等城市慢行系统建设稳步推进，绿色、低碳出行理念深入人心。从"光盘行动"、反对餐饮浪费、节水节纸、节电节能，到环保装修、拒绝过度包装、告别一次性用品，"绿色低碳节俭风"吹进千家万户，简约适度、绿色低碳、文明健康的生活方式成为社会新风尚。

1.3.10 2023年《新时代的中国绿色发展》白皮书相关内容摘录

2023年1月19日，国务院新闻办公室发布《新时代的中国绿色发展》白皮书。部分内容摘录如下：

五、绿色生活方式渐成时尚

（一）生态文明教育持续推进

把强化公民生态文明意识摆在更加突出的位置，系统推进生态文明宣传教育，倡导推动全社会牢固树立勤俭节约的消费理念和生活习惯。持续开展全国节能宣传周、中国水周、全国城市节约用水宣传周、全国低碳日、全民植树节、六五环境日、国际生物多样性日、世界地球日等主题宣传活动，积极引导和动员全社会参与绿色发展，推进绿色生活理念进家庭、进社区、进工厂、进农村。把绿色发展有关内容纳入国民教育体系，编写生态环境保护读本，在中小学校开展森林、草原、河湖、土地、水、粮食等资源的基本国情教育，倡导尊重自然、爱护自然的绿色价值观念。发布《公民生态环境行为规范（试行）》，引导社会公众自觉践行绿色生活理念，让生态环保思想成为社会主流文化，形成深刻的人文情怀。

（二）绿色生活创建广泛开展

广泛开展节约型机关、绿色家庭、绿色学校、绿色社区、绿色出行、绿色商场、绿色建筑等创建行动，将绿色生活理念普及推广到衣食住行游用等方方面面。截至目前，全国70%县级及以上党政机关建成节约型机关，近百所高校实现了水电能耗智能监管，109个城市高质量参与绿色出行创建行动。在地级以上城市广泛开展生活垃圾分类工作，居民主动分类的习惯逐步形成，垃圾分类效果初步显现。颁布实施《中华人民共和国反食品浪费法》，大力推进粮食节约和反食品浪费工作，广泛深入开展“光盘”行动，节约粮食蔚然成风、成效显著。

小　结

自党的十八大以来，在创新、协调、绿色、开放、共享的新发展理念指导下，我国公园管理呈现出两个鲜明特点：一方面，公园管理越来越以人民为中心，更多地考虑人们户外活动、休闲娱乐的需求；另一方面，公园管理也越来越生态优先，避免过度的人为干预和破坏，确保公园绿地能够长久地服务于公众。

同时，公园运营和经营的政策支持越来越清晰。在政策趋势方面，随着一系列政策的颁布和标准的出台，公园开放共享的任务越来越明确。这些任务主要包括完善公园管理体系、优化公园资源配置、提升公园服务质量、加强公园生态环境保护等。

思考题

1. 国家宏观政策对于行业有哪些推动作用?
2. 公园管理规范标准对于行业有哪些正面引导作用?
3. 有哪些绿色低碳生活方式?

拓展阅读

风景园林管理.戈晓宇.中国建筑工业出版社，2024.

第2章 公园体检与开放共享资源评估

党的二十大报告中提出，增进民生福祉，提高人民生活品质。我们要实现好、维护好、发展好最广大人民根本利益，紧紧抓住人民最关心最直接最现实的利益问题，健全基本公共服务体系，提高公共服务水平，增强均衡性和可及性，扎实推进共同富裕。城市公园绿地开放共享，是“以人民为中心”发展思想的生动实践。

从我国城市公园绿地的发展历程和趋势看，人们对城市公园的需求已从单纯的观赏、娱乐向体验型、社会参与方向发展，进而影响现代城市公园的规划思路和管理理念。习近平总书记于2019年11月在上海考察中提出“人民城市人民建，人民城市为人民”的重要理念，强调在城市建设中，一定要贯彻以人民为中心的发展思想，合理安排生产、生活、生态空间，努力扩大公共空间，让老百姓有休闲、健身、娱乐的地方，让城市成为老百姓宜业宜居的乐园。

公园绿地作为城市重要的公共空间，是人民群众亲近自然，开展休闲、健身、游憩和文化活动的重要场所。2023年2月住房和城乡建设部发布通知，启动城市公园绿地开放共享试点工作，旨在通过开放草坪、林下空间及其他空闲地区，按照“试点先行、积累经验、逐步推开”的原则，积极推进开放共享。这一措施不仅响应了民众对绿色公共空间的迫切需求，也是实践以人民为中心的发展思想，有助于提升民众的幸福感和获得感。

公园体检作为推动公园开放共享的重要环节，通过量化评价开放共享成果，不断提升服务水平。现阶段对城市公园绿地的体检评估是市民享受公园绿地资源的重要基础。它涵盖规划设计等多环节内容，以及从参与公众、社会组织、行业管理、媒体宣传等多维度审视公园管理的不足的工作机制。应用“发现不足—分析原因—解决问题”方式，实现管理和服务的优化，通过正向循环的良性机制不断提升人性化服务水平。公园绿地开放共享既要打破现有的实体围墙，挖潜、扩大共享绿色空间，还要打开思想的围墙，努力完善治理体系，提升治理能力，踏实做到“人与自然和谐共生”。在公园开放共享的现实需求背景下，应进一步完善公园体检的指标体系，强化城市公园体检评估，围绕开放共享与公园体检开展优秀案例评选，建立激励机制。以公园体检为手段，在城市绿色空间的建设和更新改造中全面促进“可进入、可参与、可体验”的生态空间营造和体系性提升，全面优化城市公园的功能和服务水平，更好地服务于人民。

2.1　公园体检背景和内涵

定期体检对于判断个人身体的健康状况至关重要，同样，城市的健康发展也需要通过系统的评估来监控。2017年9月，中共中央和国务院在对《北京城市总体规划（2016—2035年）》的批复中明确要求，“建立城市体检评估机制，完善规划公开制度，加强规划实施的监督考核问责”。由此，北京市在全国率先探索建立“一年一体检、五年一评估”的城市体检评估机制。2020年，自然资源部将这一城市体检评估工作推行扩展至审批规划的107个城市，并取得了显著成果。通过多轮试点和不断总结经验，自然资源部与北京等先行先试城市进一步加强合作，2021年制定并发布了《国土空间规划城市体检评估规程》（以下简称《规程》）。《规程》的发布标志着国土空间规划城市体检评估成为全国性的工作，成为落实新时代高质量发展、高品质生活和高效能治理的重要管理工具，成为国家空间规划体系中将制度优势转化为治理效能的重要机制通道。这一机制不仅促进了城市规划和管理的科学化、系统化，还有助于实现可持续发展和居民生活品质的提升。

城市体检工作是推进城市高质量发展、贯彻以人民为中心发展理念，以及实施城市更新的重要举措。在此框架下，公园作为提升人居环境和城市活力的重要载体，扮演着至关重要的角色。因此，全面探索和改进公园体检的方法与技术成为当前风景园林学科的新议题，并且是推动城市公园系统现代化的新要求。公园体检专注于如何精准把握新时代的公园内涵，通过深入的体检，科学地提升公园绩效水平，促进公园服务价值最大化。

2.2　国外公园体检发展概况

2.2.1　英国绿旗奖公园评价

20世纪90年代，英国的城市化已接近尾声，大量的建成区公园绿地面临着由于运营资金不足而引发的一列问题，如运营管理不当、缺乏园区维护，有些公园甚至引发了违法犯罪活动等社会问题。英国民间行业专家共同发起了针对建成区公园绿地衰败问题的一项奖项——绿旗奖（Green Flag Award）。该奖项建立了良好的公园运营管理评价标准，助力证明和评估公园绿地运营管理及资金使用的合理性，从而确保公园能够得到有效运营并服务于当地居民。随着标准的制定和完善，参选项目的类型也不仅局限于建成区的公园绿地，其类型扩展到更广义的绿色空间，如墓园、游乐场、运河、水库、教育园区、医院场地、住宅区和自然保护区等。此后，绿旗奖的评价标准也逐步扩展至社区参与、公共安全水平和可持续发展等方面，其评选标准更加注重生态效益和社会责任。现如今的绿旗奖已经得到了英国官方的认可，在内阁住房、社区和地方政府部（Ministry of Housing，Communities & Local Government）的许可下，由环保组织“保持英国清洁行动（Keep Britain Tidy）”负责运营。在2003年以后，绿旗奖由英国本土扩展到美国、澳大利亚、新西兰、比利时等在内的逾20个国家和地区。

绿旗奖现行评价指标体系包括公众认知度，健康、安全和保障，维护良好且干净整洁，环境管理，生物多样性、景观和遗产，社区参与，营销与传播及管理共8个方面，在其基础上又分为27个子项指标（表2-1）。绿旗奖的评奖流程主要包括提交申请、内业评估、现场评估和授奖反馈4部分，除主体奖项外，绿旗奖还包括绿旗社区奖和绿色遗产地认证2个附属奖项。

表 2-1　绿旗奖评价标准

类　别	评分细节	数据类型与获取方式
1.公众认知度	1.受欢迎程度	分数由业内评估（占总分30%）和现场评估（占总分70%）两部分组成，首先委员会对参评方提供的相关书面管理计划和相关文件进行业内评估，随后委员会通过实地考察现场和访谈进行现场评估
	2.安全且可达性高	
	3.导视系统	
	4.公平可达	
2.健康、安全和保障	5.适当提供优质设施和活动	
	6.安全设备和设施	
	7.人身安全	
	8.控制犬类和犬类污染物	
3.维护良好且干净整洁	9.垃圾和废弃物管理	
	10.养护管理	
	11.树木养护	
	12.建筑和基础设施维护	
	13.设备维护	
4.环境管理	14.管理环境影响	
	15.减少废弃物	
	16.化学制剂使用	
	17.泥炭使用	
	18.气候变化适应战略	
5.生物多样性、景观和遗产	19.自然景观、野生动植物群的管理	
	20.景观特色保护	
	21.建筑物和结构保护	
6.社区参与	22.社区参与管理和发展	
	23.适当的社区供给	
7.营销与传播	24.营销和推广	
	25.适当的信息渠道	
	26.恰当的教育和解说信息	
8.管理	27.管理计划的实施	

（表格来源：https：//www.greenflagaward.org/）

绿旗奖及其评价标准对西方发达国家公园绿地的更新提质做出了突出贡献，评价标准提出的管理完善与服务提升、绿色低碳与生物多样性保护、文化传承与遗产保护，以及共建共享与全龄友好的理念对我国公园绿地未来的发展也同样具有借鉴意义。

2.2.2　美国公园评价指数

为提高公园对民众的公平性、让公园绿地更好地缓解气候变化危机、让市民健康生活、拉近社区与公园的距离，美国公共土地信托基金（The Trust for Public Land，TPL）创立了美国公园评价指数（Park Score），对大规模人口城市的公园系统进行综合质量评估。为确保城市公园系统质量的指标体系的有效性，美国公园评价指数的开发内容涉及多个领域且开发过程分为多个阶段。2001—2003年，通过发放问卷、组织专家研讨会等方式确定“卓越城市公园系统”的7项标准；2004—2011年，成立城市公园卓越计划中心（Center for City Park Excellence，CCPE），进行专项的专家咨询与访谈；2012年，发布了第1版美国公园评价指数，评价对象为美国人口规模前40位的城市。2018年，美国公园评价指数发表了第7版，评价对象为美国人口规模前100位的城市。现如今，美国公园评价指数每年发布一次，是美国评价城市公园系统综合质量的一种主要方法。

美国公园评价指数将公园从占地面积（acreage）、可达性（access）、投资量（investment）、便利设施（amenity）以及公平性（equity）5大类别的14项指标进行打分，其中14项指标中的每一项得分都是基于一个城市与美国前100大城市的比较而得出，表2-2所列为2023美国华盛顿哥伦比亚特区的评分报告。

表 2-2　美国华盛顿哥伦比亚特区 2023 年公园评价指数

类　别	分数（满分100分）	评　价
占地面积	55	占地面积得分表明了大型“目的地”公园的相对丰富程度，该类公园拥有大面积的自然区域，这些自然区域有益于人们的身心健康、气候改善和环境保护
可达性	99	可达性得分表示一个城市中居住在距离公园步行1/2英里*范围内的居民比例
投资量	100	投资得分反映了城市公园系统的相对财务健康状况，良好的财务状况可保证公园系统维持在较高水平
便利设施	85	设施得分与公园活动丰富度相关，能反映出不同用户群体(儿童、青少年、成年人、老年人)对公园中受欢迎的6类活动类型进行选择的多样性
公平性	86	公平性得分显示了不同种族和收入水平的社区之间公园和绿地空间分布的公平性

（表格来源：https：//www.tpl.org/parkscore）

* 1 英里 =1609.34m。

美国公园评价指数除了可以对单个城市公园进行评分，还会对美国前100座大城市按评分结果进行榜单排名，每个城市可以通过榜单进行公园系统最全面的对比，了解自己所在城市在全国城市公园中的发展水平以及自身的优缺项。除此之外，美国公园评价指数拥有美国范围最广的近14 000个城市、城镇和社区的地方公园数据库，以衡量绿色空间的公平使用，并可以筛选迫切需要公园绿地建设的优先地区。

美国公园评价指数评价对象涵盖了美国人口规模前100位的大城市，其数据完整、方法简单、结果有效，在美国受到越来越多的欢迎，并广泛应用于城市政府规划决策的制定和城市空间的研究，为美国的城市公园建设提供了支持。

2.2.3 新加坡城市生物多样性指数

城市生物多样性是衡量生态系统服务功能的重要指标，对城市生态功能的提升、生物资源的保护、提供健康舒适的人居环境具有重要意义。通过城市生物多样性保护，为城市生态系统中的生物提供了更好的栖息地，有助于提升城市绿地的生态功能。科学规划和有效管理绿地系统，可以保留和恢复动植物所生活的绿地空间，充足的公园和自然区域可以在一定程度上保护生物资源的多样性，为居民创造出娱乐空间和接受自然教育的机会，为城市的整体宜居性做出贡献。因此，保护城市生物多样性在一定程度上也有助于公园的开放共享。

为更好地提高新加坡城市生物多样性的有效性，2009年，新加坡国家公园局和《生物多样性公约》（*Convention on Biological Diversity*）缔约国组织联合开发了城市生物多样性指数（CBI），又称新加坡城市生物多样性指数（SI），该指数建立了一种城市生物多样性保护的评估工具，城市可以依据其各项指标的评分水平，监测与评估自己在生物多样性保护努力方面的进展。

新加坡城市生物多样性指数包括两大部分：第一部分为为城市概况，提供城市的背景信息；第二部分包含28个评价指标，用于评价本地生物多样性、生态系统服务以及城市生物多样性的治理和管理能力。每个指标都分配一个0~4分的得分范围，最高总得分为112分。申请新加坡城市生态多样性指数的城市必须在首次申请时进行基础评分，随后每3~5年进行一次申请，以便在两次申请之间留出足够的时间来完成生物多样性保护工作。设定新加坡城市生态多样性指数的主要目标是保护生物多样性，但在28个评价指标中有两类指标与城市公园开放共享相关。

（1）指标12：游憩服务

该指标的含义为每1000人拥有的公园、自然保护区和其他受法律保护的自然区域的绿地面积，该指标的标准设定为每1000人应当拥有0.9hm^2城市绿地，该指标反映出该城市开放共享的程度。

（2）指标13：健康和福祉——公园邻近度/可达性

绿地能促进居民的精神和身体健康，指标13衡量的是居民与这些绿地的距离，与指标12相辅相成。该指标包含了两个小项，其一为居住在公园或绿地400m内的城市人口数的比例，即居住在公园或绿地400m范围内的城市人口数与城市总人口数的百分比。该百分比为90.0%~100.0%时得4分；为70.0%~89.9%得3分；为50.0%~69.9%时得2分；为30.0%~49.9%时得1分；为30.0%以下时得0分。部分城市已将90.0%~100.0%居住在公园或绿地400m（步行范围）内的城市人口数的比例作为目标。其二为可达性，该指标则是根据居住在公园或绿地400m步行距离范围内的城市人口数进行计算，即居住在公园或绿地400m步行距离范围内的城市人口数与城市总人口数的百分比。该百分比为72.0%以上时得4分；为64.9%~72.0%时得3分；为55.8%~64.8%时得2分；为46.1%~55.7%时得1分；为46.1%以下时得0分。

上述两项指标与城市公园开放共享有直接影响，城市绿地与城市空间的开放融合需要优先考虑绿地空间的布局、数量和功能以及可达性，其余生物多样性指标则间接影响城市整体空间的生态环境质量，进而影响公园开放共享的成效。

2.3 国内公园体检发展概况

2.3.1 国家重点公园评价标准

国家重点公园是指在国内有重要影响和较高价值，且在全国有典型性、示范性或代表性的公园，由住房和城乡建设部批准与公布。根据住房和城乡建设部《关于印发〈2012年工程建设标准规范制订、修订计划〉的通知》的要求，由北京市公园管理中心标准编制组编制《国家重点公园评价标准》（CJJ/T 234—2015），以规范国家重点公园评价标准，从而提高公园的规划建设和管理运营水平，让公园健康发展并服务市民生活。

《国家重点公园评价标准》（CJJ/T 234—2015）的评选对象为建设完成并对外开放运行不少于5年的公园，评价内容包括基础评价和特色评价，见表2-3所列。基础评价内容包括综合管理、规划建设、园容环境和游览服务4大类22小项，基础评价通过条件

表 2-3 《国家重点公园评价标准》（CJJ/T 234—2015）评价内容

评价类别	大　类	小　项
基础评价	综合管理	管理机构、用地权属、管理制度、维护资金、档案管理、运行管理
	规划建设	规划编制、设计施工、交通组织、基础设施、服务设施、低碳环保
	园容环境	植物配置、绿地养护、环境卫生、水景环境、建筑小品
	游览服务	导览设施、导览信息、讲解服务、文化活动、游客评价
特色评价	文化价值	造园思想、总体布局、艺术手法、人文景观、文化传承
	历史价值	造园年代、历史地位、留存状况、保护水平
	科学价值	核心资源、保存水平、价值特征、示范作用

为总分达到85分。通过基础评价后方可进行特色评价，特色评价内容包括文化价值、历史价值和科学价值3大类13小项，特色评价通过条件为总分达到75分或其中一项得分分值达到满分的90%。国家重点公园的评价除应符合本标准外，还应符合国家现行有关标准的规定。

2.3.2 公园分类分级评定办法

近年来，国内各地为了实现公园绿地主要功能以及公园的差异化、精细化服务，做好公园的横向评比考核，深圳、河北、西宁、温州等地制定了《星级公园评定办法》；上海、重庆、北京等地制定了《公园分类分级评定办法》，将城市公园统一考核并发布星级评定结果。

以上海市为例，星级公园测评将日常的公园检查和公园重点工作都纳入考核范围内，测评内容涉及专业测评与社会评价，按照园林养护、园容卫生、基础设施、经营服务、安全保卫、规划管理等不同项目对公园进行打分来确定其级别，每一项考核内容都设置考核权重并规定加分条件，总分=得分×系数（满意度测评、面积、免费与否等）。上海市公园按照公园绿地功能的不同，将在册公园分为综合公园、社区公园、专类公园、历史名园4类（表2-4）。在原有大类的基础上将每类公园再细分等级，依据星级公园的分级方法将公园由低到高分为基本级、二星级、三星级、四星级、五星级，其中，综合公园分三级、社区公园分四级、历史名园分三级、专类公园分三级。

表 2-4　上海市星级公园评测方法

等　级	测评标准	考评分数
五星级公园	指服务于全市或者更大区域范围的公园绿地、知名度较高、游人量较多、功能设施较齐全的一批公园，是全市公园行业的骨干，在全市公园管理中起到引领作用； 面积5hm^{2}以上，或年游人量100万人次以上；为全市或更大区域范围服务的公园绿地；园内建筑用地比例符合《公园设计规范》；园路及铺装场地用地比例符合《上海市公园改造规划与设计指导意见》；绿化景观优良，绿地率不小于70%；花坛、花境不低于绿地面积2.5%；绿化养护按元素法达到一级养护标准；基础设施完好、规范；出入口、主园路、公共厕所等设置无障碍设施；按《上海市公园游乐设施设置管理办法》要求设置游乐设施，并设置免费儿童游乐设施；做到公开承诺服务内容，有条件的公园可增设新的服务内容；实行公园垃圾减量分类处置；有健全管理机构，无安全事故	综合考评总分≥95分
四星级公园	社区公园四星级封顶。园路及铺装场地用地比例符合《上海市公园改造规划与设计指导意见》；绿化景观优良，绿地率不小于70%；花坛、花境不低于绿地面积1.5%；绿化养护按元素法达到一级养护标准；基础设施完好、规范；出入口、主园路、公共厕所等应设置无障碍设施；按《上海市公园游乐设施设置管理办法》要求设置游乐设施，并设置免费儿童游乐设施；做到公开承诺服务内容；实行公园垃圾减量分类处置:有健全管理机构，无安全事故	综合考评得分：85分≤总分<95分

（续）

等　级	测评标准	考评分数
三星级公园	个性条件：综合公园、城市开放式公园面积5hm^{2}以上，或年游人量20万人次以上；绿化景观优良，绿地率不小于70%；为全市或全区服务的公园。社区公园面积2～5hm^2，或年游人量20万人次以上；绿化景观优良，绿地率不小于65%；为社区、乡镇市民服务的公园。 共性条件：园内建筑用地比例符合《公园设计规范》；园路及铺装场地用地比例符合《上海市公园改造规划与设计指导意见》；花坛花境不低于绿地面积的1%；绿化养护按元素法达到二级养护标准；基础设施完善、规范；设置无障碍厕所；按《上海市公园游乐设施设置管理办法》要求设置游乐设施，面积4hm^{2}以下的公园限制设置有动力游乐设施；做到公开承诺服务内容；实行公园垃圾减量分类处置；有健全管理机构，无安全事故	综合考评得分：80分≤总分<85分
二星级公园	面积2～5hm^2，或年游人量10万人次以上；绿化景观优良，绿地率不小于60%；园内建筑用地比例符合《公园设计规范》；园路及铺装场地用地比例符合《上海市公园改造规划与设计指导意见》；花坛花境不低于绿地面积的1%；绿化养护按元素法达到二级养护标准；基础设施完善、规范；设置无障碍厕所；按《上海市公园游乐设施设置管理办法》要求设置游乐设施，面积4hm^{2}以下的公园限制设置有动力游乐设施；做到公开承诺服务内容；实行公园垃圾减量分类处置；有健全管理机构，无安全事故	综合考评得分：75分≤总分<80分
非星级公园	个性条件：综合公园、城市开放式公园面积5hm^{2}以上；绿化景观优良，绿地率不小于70%；为全市或全区服务的公园。社区公园面积2～5hm^2；绿化景观优良，绿地率不小于60%；为社区、乡镇市民服务的公园。 共性条件：园内建筑用地比例符合《公园设计规范》；园路及铺装场地用地比例符合《上海市公园改造规划与设计指导意见》；花坛花境不低于绿地面积的1%；绿化养护按元素法达到基本养护标准；基础设施完善、规范；设置无障碍厕所；按《上海市公园游乐设施设置管理办法》要求设置游乐设施，面积4hm^{2}以下的公园限制设置有动力游乐设施；做到公开承诺服务内容；实行公园垃圾减量分类处置；有健全管理机构，无安全事故	综合考评总分<75分

为了保证评价的时效性，每年设置公园复查和创评工作对现有公园进行升级或降级，其测评结果纳入市绿化绩效考核内容，星级命名及调整由上海市绿化和市容管理局每逢双年统一发布。若公园发生重大安全事故或随意侵占公园绿地等不良行为，该公园将被取消星级公园评审资格。

2.3.3 国内公园体检实践与开放共享评估

目前公园体检的实践正在有针对性地进行，体检体系逐步完善。根据具体的体检实践，国内实践机构针对中国主要城市公园评估进行了系列年度报告发布。如中国城市规划设计研究院发布的《中国主要城市公园评估报告（2023年）》，重点关注城市公园分布的均好情况、人均公园面积的保障情况、公园周边区域活力融合情况，在传统公园评价指标的基础上，提出新时代公园评估的三大指标——公园分布均好度、人均公园保障度、公园周边活力值，通过指标分类细化公园绿地服务覆盖、明确公园绿地供给与人口空间分布的关系、探索公园与周边区域活力的耦合关系。在城市更新的背景下，该报告旨在指导新时代城市公园高质量建设发展，切实提高人民群众的获得感、幸福感。本节选取具有代表性的不同方位城市的实践案例对公园体检进行阐释、分析。

2.3.3.1 线上体检——北京市中心城区公园体检

2017年北京开展“疏解整治促提升”专项行动，“留白增绿”是腾退后空间再利用的重要途径之一。中心城区严格实行用地和建筑规模增减挂钩，对照规划要求抓好腾退空间使用。在京津冀协同发展中以疏解北京非首都功能为抓手，提升城市发展质量并改善人居环境。在此背景下，2021年北京林业大学应用其自主研发的景观绩效线上评价平台（Landscape Architecture Platform，LAP），完成北京中心城区各类绿地公园体检，并利用公园体检系统，持续针对北京各个公园进行追踪评价。在评价过程中，通过现场数据采集、线上数据收集和软件模拟等途径，支撑指标的具体运算过程，可以为相似的实践提供可靠的参考。LAP平台从宏观的角度梳理北京市公园绿地游憩服务，将公园绿地游憩服务定位在是由城市中公园绿地所提供的一种公共服务，既包含公园绿地对居民空间上的辐射能力，同时考虑居民对于公园绿地的获得感。公园绿地游憩服务同时涵盖公园绿地游憩服务范围以及游憩服务绩效的评估。其中，游憩服务范围重点关注公园绿地的可达性水平，游憩服务绩效则主要针对公园绿地在空间上的分布均衡性以及人均获得感。

2.3.3.2 人本需求——江苏省泰州市公园体检

为进一步规范泰州市公园体系建设发展，2021年泰州城市公园体系进行了公园体检，其中着重对公众意见调查进行分析。泰州市采用多种调查方式协同开展、绿地数据多维度分析、典型公园使用情况分析等方法对泰州市城市公园进行公众调查评估，包括采用网络调查、家校联动调查、典型公园拦截访问等方式针对政府机关人员、中小学生家长和公园受访公众展开调研。通过园林绿化满意率分析、各类公园满意率分析、公众公园使用习惯分析、公园改善提升建议等，全面解析公众对于公园建设的想法及意见，并对典型重点公园进行针对性调查分析，收集公众对于个体公园的改善与建设意见，针对性地提供公园更新依据。重点从3个方面来调查公众的满意度。

（1）类型需求

对现有公园进行类型评估，通过公众调查评估，回应百姓游憩需求，扩展完善城乡公园分类构成。对泰州特色公园体系构成要素进行汇总，具体见表2-5所列。

表 2-5　“1 个体系 +3 个层级”的泰州特色公园体系构成要素汇总表

<table>
<tr><th>大　类</th><th colspan="2">中　类</th><th>服务对象、功能</th></tr>
<tr><td colspan="3">综合公园</td><td>市民和游客城市综合性服务</td></tr>
<tr><td colspan="3">居住区公园</td><td>周边社区居民日常基本游憩服务</td></tr>
<tr><td colspan="3">广场用地与口袋公园</td><td>周边社区居民灵活填补型服务</td></tr>
<tr><td rowspan="2">专类公园</td><td colspan="2">专项配套专类公园</td><td>周边社区居民休闲健身、儿童游戏等专业服务</td></tr>
<tr><td colspan="2">城市特色专类公园</td><td>市民和游客城市特色专业服务</td></tr>
<tr><td rowspan="4">郊野型公园</td><td colspan="2">郊野公园</td><td rowspan="4">市民和游客自然认知、郊野游憩、水乡田园体验</td></tr>
<tr><td colspan="2">水乡田园型公园</td></tr>
<tr><td rowspan="2">风景自然公园</td><td>森林公园</td></tr>
<tr><td>湿地公园</td></tr>
<tr><td rowspan="2">绿廊绿道</td><td colspan="2">城市型绿道</td><td rowspan="2">市民和游客公园连接服务</td></tr>
<tr><td colspan="2">郊野型绿道</td></tr>
</table>

（表格来源：中国城市规划设计研究院，《泰州市公园体系规划暨泰州市创建国家生态园林城市评估报告》公众意见调查报告。）

（2）年龄需求

通过公众调查评估，依据百姓的公园使用特征和出行规律，针对性完善公园空间布局。根据统计各年龄人群公园使用偏好可得出，18岁以下偏好综合公园，18~35岁偏好郊野型公园、综合公园，35~65岁偏好综合公园、社区公园和游园，65岁以上偏好社区公园和游园。

（3）使用需求

通过公众调查评估，依据百姓公园使用模式和游园活动需求，提升完善公园服务功能。根据调查可发现公园游客对综合公园的满意程度最高。对公园不满意的原因主要包括缺乏特色活动、公园活动空间小、管理维护不到位、可达性差等。根据调查统计进一步提质、完善公园服务体系，在以上公众调查的基础上可以进一步指引各类公园服务功能提升，包括特色服务类、休闲游憩类、生态保育类、公共服务类、运动健身类、智能服务类共6大类设施类型。

2.3.3.3　多元服务——海南省三亚市重点公园体检

2022年，三亚市公园体检团队结合三亚市城市建设管理情况，制定了公园体检方案。首先依据城市定位，结合三亚重点公园现状特色，建立全面系统化的城市公园评价体系。分类分级评价重点公园各方面的建设情况，抓住公园发展“痛点”和“重点”，对三亚城市公园整体进行全面的公园现状服务问题分析。其次依据公园体检评估结果，精准找出公园现存的问题，引导现状公园设施更新和服务改善。结合公园建设导向，提出各类公园提升建设策略，指引三亚城市公园高质量发展，全面提升现状公园服务质量。最后依据城市公园特点及新时代发展要求，为“城市体检”提供可靠助力，为完善城市公园体系建设提供直观有效的指导，提出一系列有针对性的可落地项目，全面提升公园的健康宜居服务，体现生态文明示范理念。

具体的评估流程如图2-1所示，确立公园评价原则及标准；依据不同类型公园特征，构建评价框架。例如，综合公园评价体系包括基础服务设施、全龄游憩功能、自然生态保护、景观风貌展示4种中类。专类公园评价体系包括基础设施服务、专类特色服务、景观风貌展示3种中类。社区公园及游园评价体系包括基础服务设施、日常游憩服务、景观绿化品质3种中类。各种中类下又包括不同的小类，通过大类加权得分，中类平均得分，小类分项得分进行评分计算；对每个公园个体开展系统性评价，包括三亚市15个重点公园的体检评估，随后针对各类公园做现状建设特征的分析总结；针对近期需改造的重点公园白鹭公园做提升建设指引。

白鹭公园面积29.25hm^2，属于吉阳区，东至凤凰路，西至三亚市东河南至椰景蓝岸，北至新风街。该公园以热带咸淡水湖泊湿地、红树林为主要风景特征，集生态保护、综合游憩、科普教育、风貌展示为一体的城市综合公园。白鹭公园的基础设施66.8分，全龄游憩功能57.7分，自然生态保护80.8分，景观风貌展示72.7分，总评分68.3分，达到B级别，总体来说自然生态保护优势较为突出，基础服务设施和全龄游憩功能待改善。依据白鹭公园现状整体评分情况，针对公园建设和服务的问题和不足，提出基础服务保障完善、全龄友好服务升级、生态科教互动展现、景观游赏风貌提升

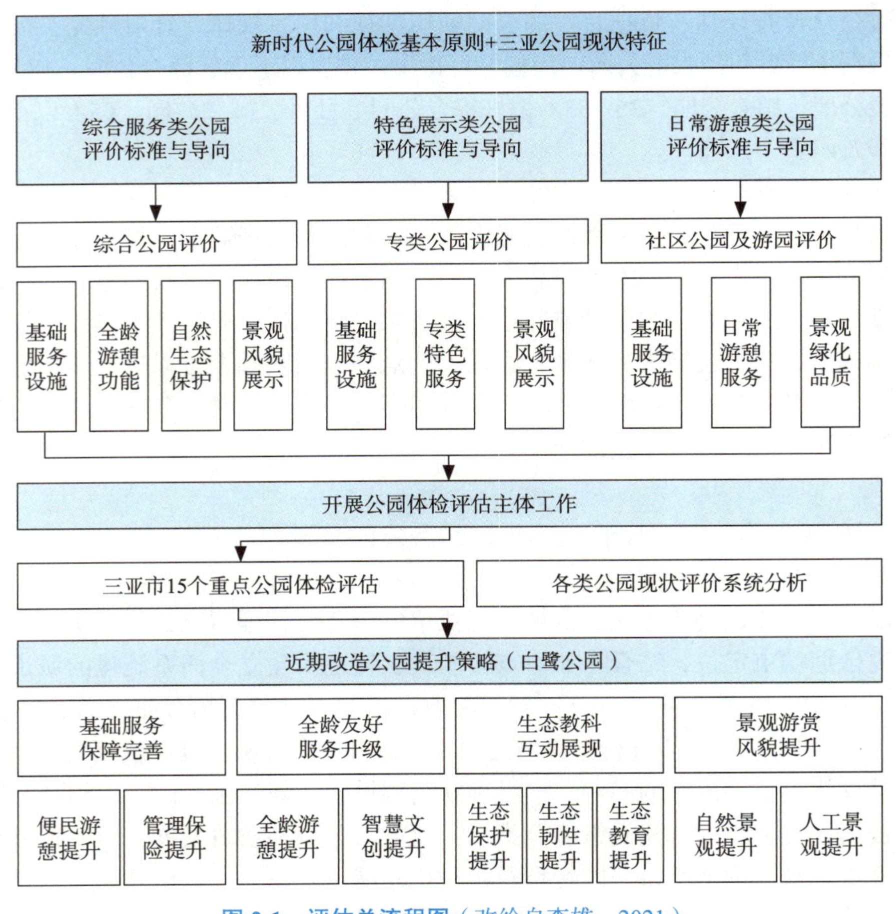

图 2-1　评估总流程图（改绘自李雄，2021）

四大方面策略，构建公园更新提升的体系框架。具体措施为：

①在基础服务设施方面，要保证基础设施完善，增加和更新游憩设施与服务设施，使得便民游憩服务得到提升，包括园路修补完善、饮水设施完善、零售服务完善、服务中心完善、无障碍设施完善、场地修葺整理、构筑物修整更新、标识系统优化、照明系统优化等措施。

②保障管理服务提升，包括监控安全保障、医疗急救保障、危险区域警示等措施；在全龄游憩功能方面，做到全龄友好、服务升级。

③丰富儿童活动、休闲康体、运动健身等全年龄段的活动，具体包括：幼儿游憩服务提升（0~6岁）、少儿游憩服务提升（6~12岁）、青少年游憩服务提升（12~17岁）、健康步道提升（15~75岁）、球类运动场地提升（25~60岁）、日常健身服务提升（45~75岁）、益智康健服务提升（45~75岁）。

④智慧文创服务提升策略包括智慧科普提升、智慧导览提升、智慧运动提升、文化展示提升、创意交流提升。

⑤在自然生态保护方面，要达到生态科教，互动展现的效果，要从生态保护、生态韧性、生态教育3个方面进行服务提升，生态保护服务提升包括红树林保护、鸟类多样性保护、水体保护，生态韧性服务提升包括植草沟品质提升、雨水花园品质提升、透水铺装占比提升；生态教育服务提升包括生态演替科普展示、观鸟体验感受、生物多样性科普展示。

⑥在景观风貌展示方面，从自然景观和人工景观两方面进行服务提升，自然景观又包括植物景观和水体景观，具体提升措施为：植物丰富度优化、植物彩化提升、地域植被特色提升、水岸线自然化提升、滨水景观提升；人工景观又包括景观特色和景观舒适度，具体提升措施为：景观和谐度提升、景观主题性提升。通过以上策略对三亚白鹭公园进行改造提升，成效如图2-2、图2-3所示。

图 2-2　三亚白鹭公园鸟瞰（刘圣维 摄）

图 2-3　三亚白鹭公园健身设施（刘圣维 摄）

2.4　公园体检内容与发展趋势

2.4.1　公园体检主要内容

当前城市更新逐渐成为我国城市空间发展的新方向。城市体检工作是推进城市高质量发展、落实以人民为中心发展思想并实施城市更新的重要举措。公园体检主要涵盖两个层级：系统层面和单体层面。

在系统层面，评估焦点是公园数量和公园格局，目的是对公园体系进行整体统筹评估。在单体层面，则是针对公园绿地、广场用地和风景游憩绿地3类公共绿色空间进行质量评估。在评估内容方面，包括公园分布均好度、人均公园保障度和公园周边活力值3个方面。公园分布均好度是指建成区内综合公园、社区公园、游园服务覆盖居住区的占比之和，是建成区内各类公园空间的内部情况和服务覆盖的综合评价指标，该指标与公园的可达性与均布性相关，能直观反映出公园开放共享程度。人均公园保障度是指建成区内人均公园面积总和超过5m^{2}的区域占比，是建成区内公园人均供给量空间分布基础保障评价指标。人居公园保障度评价，实现从传统指标“数值评价”公园绿地总量的关系，转向“空间评价”公园绿地布局与人口分布的关系，与开放共享的公平性密切相关。城市公园周边活力评价是指在建成区内以城市公园为中心，评估其周边区域的发展活力及公共设施完善情况，以此作为判断公园周边区域“城园融合程度”的重要区域，也侧面反映开放共享的程度。

在开展公园体检工作中，应通过实地调研、空间数据分析、软件模拟预测以及公众调研问卷4类科学评估手段，构建公园体检数据库，形成智慧网络平台，多方位、多角度、多层次支撑公园体检的真实性、全面性、高效性。在体检过程中，可通过框架搭建、数据采集、分析诊断、编制体检报告、开具体检处方等环节，确立公园体检的方法与技术，形成一整套科学、全面的公园体检机制。

以柳州市公园体检为例，在《2021年柳州公园体检报告》中体检框架是以“公平可达、全民共享，园林载体、宜居乐活，城园一体、多元共生，市业统筹、绿色发展”为核心。体检明确了“开放、人本、赋能、增值”4个核心特征，分别对应公园系统与公园单体2个对象，明确“总量、格局、健康、景观、游憩、韧性、风貌、人文、产业、管控”10大板块，指引公园体检框架构建。在此基础上，进而提出了具有特色的“2+3+3+2”指标体系，包括2大本底条件、3类基础服务、3类附加价值、2种运行状态，形成4大类、10中类、共计33项公园体检指标，从而增加公园体检的深度与广度。通过对柳州市的资源本底条件、对内基础服务、对外附加价值、管理运行状态分别进行了评估，对未来发展做出指引（图2-4）。

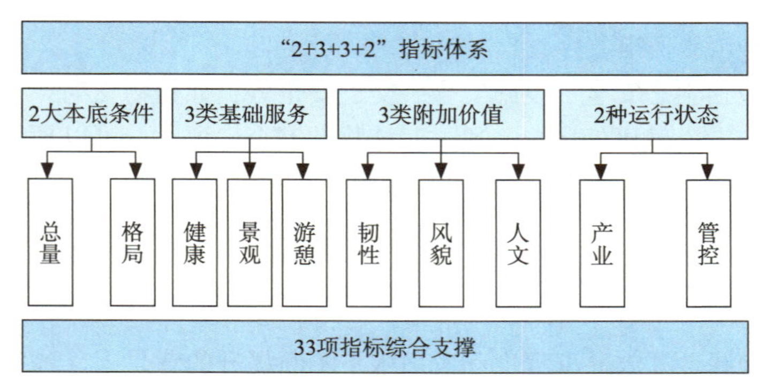

图 2-4 公园体检“2+3+3+2”指标体系（改绘自李雄，2021）

（1）2大资源本底条件——公园系统评估

评估内容包含绿地率、人均公园绿地面积、公园可达性等基础指标，整体测度体检区域的公园基底资源总量与分布格局状态，同时挖掘山水视廊完整度等个性指标。

（2）3类对内基础服务——公园人本评估

评估内容包括公园生境质量指数、公园健康服务指数、公园景观美景度、公园游客体验满意度等8项指标，针对绿地基础服务，以人为中心，全面测度公园的健康水平、游憩供需、景观质量，强化绿色人本服务能力。

（3）3类对外附加价值——公园赋能评估

评估内容包括公园生态系统服务价值、森林碳汇、喀斯特风貌质量、乡土植被景观质量、公园文化建设评价等共计12项指标，在韧性、风貌、人文层面衡量公园赋能力，测度公园对外城市附加价值。

（4）2种管理运行状态——公园增值评估

评估内容包括业态复合与产业协同、智慧管理平台完善度、节约型园林建设水平等共计5项指标，指引公园的产业更新发展并优化管控运营能力。

综上所述，公园体检主要针对公园的整体规划模式、绿色生态本底、景观文化风貌、基础服务设施、运营管理方式五大部分进行指标评估，并根据公园自身情况酌情制定特色指标，保证体检完整性与准确性。在进一步加大公园开放共享的背景下，针对开放共享这一目标，在公园体检过程中也应重点考虑以下指标：

（1）公园对外开放方式

城市公园作为城市公共空间，应该是一个多元化、包容性和互动性强的社交空间，多元的开放方式有利于提高公园开放共享的参与度。

（2）开放共享区域面积

在公园草坪、林下空间以及空闲地等区域可进入、可体验的活动场地，这些共享区域可以更好地满足人民群众搭建帐篷、运动健身、休闲游憩等亲近自然的户外活动需求，关乎公园的开放程度。

（3）文化体验丰富度

城市公园应提供全面、多元的文化体验。丰富的活动体验是开放共享更深层次的要求。

（4）公园安全服务指数

公园安全包括生态安全、设施安全、交通安全等，如植物飞毛、飞絮等致敏性物质对公园环境与游人健康的影响，通过对植物的安全性评估，可以预见性地采取防范措施，有助于降低病菌传播的可能性从而维护公众健康。

2.4.2 公园体检发展趋势

在推动公园绿地开放共享程度和发展水平不断提升的背景下，各省（自治区、直辖市）将通过一系列重要举措对公园绿地进行优化升级。这些举措包括实现空间边界的开放与连通共享，养护工作的科学化与精准化，管理模式的多方共建共治，以及运营策略上更好地满足供需双方诉求。通过这些努力，我们将能够实现公园绿地开放共享的科学化、规范化和合理化，从而进一步提升城市的整体品质以及居民的生活质量。公园绿地的开放共享不仅是中国式现代化建设中实现人与自然和谐共生的新途径，也是推动城市建设中绿色生态价值转化的重要力量。而公园体检工作是对我国当前城市更新体制机制的有效完善，是健全城市功能、提高城市品质、增强城市韧性的一项重要基础工作。国际上，公园体检体系的发展已较为成熟，形成了一套符合其发展的评价体系，并以此推动公园的持续更新和建设机制。在我国，随着公园城市建设的推进，虽然国内的公园体检体系已经具备了一定基础，多个城市制定了公园评定办法，并以此开展定期评价及考核工作。

2023年，住房和城乡建设部发布《关于开展城市公园绿地开放共享试点工作的通知》，旨在推行绿地开放共享试点工作。从长远看来，该项工作旨在将公园绿地自然有机地融入城市系统的各方面和全过程，向城市业态开放，向城市居民开放，是对公园城市理念中“生态美好、生产发展、生活幸福”的生动阐述和践行，因此，在城市公园绿地开放共享的背景下，未来公园体检应向数据科学化、评价系统化、需求人性化、跟进持续化、共建参与化几个方向发展。这些方向不仅将提升公园的实用性和美观性，还将促进公园与城市生活的和谐共生。

（1）数据科学化

在进行公园体检工作时，采用实地调研、空间数据分析、软件模拟预测及公众调研问卷等多种科学评估手段至关重要。通过这些方法，可以建立一个综合的公园体检数据库并发展智慧公园管理平台，从系统层面上对城市公园的总量、分布和级配等方面进行全面、立体和动态的评估，从单体层面上对公园的公共服务设施、绿色生态本底、体育儿童服务设施和文化商业服务资源等进行系统性体检，也可对公园游客数量、游客行为轨迹进行实时监测。这样的评估有助于深入了解公园的现状、基础特性和市民实时需求，从而为公园的更新和建设提供科学的依据和支持，满足市民对公园开放共享的需求。

以《中国主要城市公园评估报告（2023年）》为例，该报告基于生态文明建设的背景和城市高质量发展转型的目标要求，选取全国36个主要城市作为评估对象。报告利用大数据工具对这些城市的公园进行了深入的评估和对比分析，科学地揭示了公园与人口密度、居住区布局，以及兴趣点（POI）密度等关键因素之间的关联和耦合特征。这种方法让我们能充分了解公众对公园开放共享的需求情况，并且提供了城市公园发展的现状和趋势，也为未来的城市规划和公园设计提供重要的参考依据。

（2）评价系统化

公园体检不是简单的关注公园的设施、环境卫生、安全管理等方面，而是对公园的生态价值、文化价值、社会价值等方面进行全面的系统性评估。从公园布局、交通连接、公众活动、自然生态、社会安全、资金运营等多重维度制定评估指标，分区分类总结整理公园发展问题，聚焦高质量发展，深度了解公园现状的服务情况，充分发挥城市公园的社会、经济、环境和健康效益。目前，我国公园体检的评估过程主要集中在景观营造和基础设施建设上，往往忽略管理运营和资金流动的重要性。因此，未来的公园体检应更全面地考虑包括管理和资金运营在内的各个方面，以确保公园的长期健康和持续效益。

（3）需求人性化

公园体检评估工作应深入探寻居民的实际需求。通过调查问卷、访谈、大数据语义分析等方法，贯彻以人为本的发展理念，准确找到百姓对于公园发展的真实需求。在公园体检评估过程中，积极听取管理方、周边居民以及游客意见和建议，发现突出问题，制定针对性的治理措施，实现公园差异化、精细化的品牌效应以及生态服务价值的最大化。

（4）跟进持续化

为保证城市公园绿地的可持续发展，洞察公园的发展建设趋势，公园体检需对城市的公园建设进行持续性评估。包括定期更新公园体检评估的相关信息，从而有效监测和预测公园建设的发展趋势。这种持续的监测和评估有助于保障城市公园开放共享的可持续化和公园健康发展。

（5）共建参与化

随着公园绿地开放共享理念的推广，公园体检应加强社会力量的参与，鼓励居民、企业、社会组织等多方共同参与公园更新和体检评估工作。前述案例中，英国绿旗奖和美国公园评价指数的公园评估机制都是通过搭建线上开放的网络平台，随时为公众提供开放数据，公众也可随时为平台提供最新数据，通过共建共享，提高公园更新的可持续性和社会满意度。通过这种方式，建立信息互通、资源共享的平台，从而提高公园体检工作的效率和效果。

小　结

公园绿地开放共享已成为新时代城市人居环境发展的重要趋势，城市体检作为评估环节，是新时代党中央、国务院对加强和改进城市工作作出的重大决策部署，是实现“人民城市为人民，人民城市人民建”的重要手段。践行“无体检、不更新”的城市建设理念，在园林绿化领域要构建出一套面向新时代发展要求、科学系统、行之有效的城市公园评估体系，为未来公园健康科学发展提供基础条件，满足新时代百姓对于公园服务的真实需求。

思考题

1. 公园体检是在何种背景下发展的？
2. 公园体检的内涵与特点是什么？
3. 公园体检指标体系是什么？
4. 开展公园体检的目的是什么？
5. 国内外评价体系分别有何特点？
6. 国内公园体检的发展趋势是什么？
7. 国家重点公园的评价标准是什么？
8. 开放共享理念的发展对公园体检发展有何影响？

拓展阅读

1. 中国公园学. 景长顺. 中国建筑工业出版社，2019.
2. 风景园林管理与法规. 张秀省，高祥斌，黄凯. 重庆大学出版社，2020.
3. 城市公园公平绩效评价. 杨丽娟，杨培峰. 中国建筑工业出版社，2022.

第3章 公园开放共享与规划设计

党的二十大报告中明确指出，中国式现代化是人与自然和谐共生的现代化，尊重自然、顺应自然、保护自然是全面建设社会主义现代化国家的内在要求。因此，城市公园绿地的发展建设应贯彻创新、协调、绿色、开放、共享新发展理念，积极拓展开放共享新空间，满足人民群众亲近自然、休闲游憩、运动健身的新需求和新期待。在此背景下，如何做好公园开放共享规划设计对于实现人与自然和谐共生、满足人民群众需求、塑造城市形象和文化内涵、促进社会凝聚力和文化共识等方面具有重要意义。

3.1 公园开放共享区域划定方法

本节内容包括公园开放共享区域的划定原则、程序与方法。划定原则旨在为划定过程提供指导和规范，而划定程序与方法则是具体实施路径，通过合理的流程和方法来确保公园开放共享区域划定的科学性和可靠性。

3.1.1 公园开放共享区域划定原则

在公园开放共享规划设计中，首先要进行开放共享区域的选取，在这个过程中，要坚持规范有序、安全优先，处理好城市公园绿地开放共享与安全管理的关系，保障游憩活动的有序开展，提高公园绿地管理服务水平，使人民群众的获得感、幸福感不断提升，因此要坚持公园开放共享区域划定的几个原则。

（1）公共性原则

在划定开放共享区域时，首要任务是确保其公共属性。公园绿地作为公共资源，应面向全体市民开放，满足公众的休闲、娱乐和游憩需求，从而确保资源的公平分配和共享。选择的开放共享区域应避免过度商业化开发，确保公园资源能够持续、稳定地为公众服务，并积极履行社会责任，同时可选取临近社区的公园绿地开放共享，提供社区活动的场所，加强公园与周边社区的交流和融合等。

（2）公平性原则

在划定开放共享区域时，应公平合理考虑各类游客的需求。根据实际情况确定公园绿地中可开放共享区域、开放时间、可开展的活动类型和游客承载量等。提供多样化的休闲活动空间、设施和服务，以满足不同年龄、兴趣和需求的人群，特别是弱势群体的需求，如老年人、儿童和残障人士等也能享受公园带来的福利，合理设置出入口、游步道、停车场等，全程提供无障碍设施服务，并提供足够的座椅、垃圾桶、洗手间等服务设施，提升游客的游览体验，同时也需制定公园的各项相关规定和管理制度，使游客文明公平地使用公园公共资源。

（3）可持续性原则

在划定开放共享区域时，应统筹考虑公园绿地中休闲游憩、运动健身场地和设施与公园绿地的功能定位、空间布局、景观环境、游憩承载能力及周边居民分布、交通状况等相协调，并因地制宜、分区分类地推进；应综合考虑公园绿地的生态环境、功能需求和人流量等因素，确保不会对环境造成负面影响，包括保护植被、水源和野生动植物栖息地等自然生态环境不被破坏；可推广施行地块轮换养护管理等制度，确保植被不因过度践踏影响正常生长；应注重资源的合理利用和节约，如合理规划和配置公园绿地内的设施，避免浪费；选择环保材料和可持续能源，降低对资源的消耗；优化空间布局，提高土地利用效率等。

（4）安全性原则

在划定开放共享区域时，必须确保游客的安全。如评估开放区域的地形是否平整，应避开存在自然灾害风险区域以及生态脆弱区域，避开易干扰野生动物繁衍和活动的区域，避开高压线、陡坎、水体等危险区域，确保游客在活动期间的安全。同时，选取场地内的服务设施和应急保障也应相对完善和便捷。

3.1.2 公园开放共享区域划定程序与方法

公园开放共享区域的划定程序，主要包括公园体检、人群需求和公园资源的调研评估。通过公园体检评估公园的设施、绿化、管理等方面的情况，确定存在的问题和提供依据；调研评估人群需求判断开放共享的功能，为空间的选取提供方向；调研评估公园资源选取开放共享空间。公园体检在第2章有详细的讲解，本章主要介绍人群需求和公园资源的调研评估。

3.1.2.1 人群需求调研评估

人群需求调研评估对确定开放共享空间的作用和意义至关重要。绿地开放共享基本目的是满足人民“增加可进入、可体验的活动场地”的需求，最终目的是实现绿色公共产品的全民共享，同时强调公共和公平，突出“以人为本、共享发展”。因此，可以通过问卷调查、社区访谈、观察研究等多种方法，对市民的需求和偏好进行调研，更好地理解他们对公园和开放共享空间的期望，以及在日常生活中对这些空间的实际功能需求。另外，调研居民的活动类型及每种活动对公园的环境和服务设施提出的要求，关注居民的使用频率，确定公园在不同时间段的承载能力，这些信息将成为划定开放共享区域的重要依据。

2023年5~6月，杭州市园林文物局针对不同受众群体进行了专题调研活动，包括广大市民和负责公园管理养护的单位，发布了《杭州市城市公园绿地开放共享问卷调查》。问卷包括：受访者的基础信息，如性别、年龄和受教育水平，居住地位置及其周围500m范围是否有公园等；受访者日常对公园的使用习惯调查，如去公园的交通方式、一周频次、时间和活动需求，对公园各类绿地空间的使用频率等；受访者对开放共享区域和活动类型的选择调查，如对草坪区域和林下空间的使用需求，设置帐篷区的赞同态度和位置选择的建议，开放区域内适宜开展的活动类型选择，适宜进行的文化体验类、市集经营类、体育健身类的活动类型选择等；选择开放共享公园使用的调查，如选择公园绿地使用时需考虑的主要因素，开放共享公园必须具备的条件，给定10个公园让市民选择喜欢去哪些公园活动或推荐另外一个适合开放共享的公园等。这次调查有效回收问卷4000余份，这些民意调查为开放共享公园和区域的选择提供了直观有效的参考，如调研问题“哪些是您使用公园绿地考虑的主要因素?请您按优先顺序选择”的结果表明：“草坪或林下空间可进入或露营”“绿化景观优美，生态环境好”“公园离家近”“停车方便”和“公园规模大，空间宽敞”等是备受市民关注的选择因素。另外，有近2000份问卷附带了详尽而富有建设性的留言和建议，体现了市民对城市公园绿地开放共享的热切关注和高度认可，给出的建议不仅涵盖了管理运营策略，还针对公园的具体改进提出了宝贵意见。

在开放共享区域划定方案制订的过程中，应广泛征求市民、专家以及公园管理者的意见和建议，公众参与不仅能增强方案的科学性和可行性，也能提高市民对公园的认同感和归属感。通过举办公开听证会、问卷调查、网络征集意见等方式，可以收集到更多宝贵的意见和建议，为方案的优化完善提供有力支持。

3.1.2.2 公园资源调研评估

公园资源的调研评估包括对公园的地形地貌、植被资源、景观资源、生态资源、设施资源、历史遗迹和服务管理等资源进行全面的勘查和评估，为确定开放共享空间提供基础数据和参考依据。

①地形地貌　分析公园的地形特征，如坡度、海拔、水体等，考虑其适合哪些不同的活动类型。要确保开放共享区域的安全性，避开存在自然灾害风险以及生态脆弱区域，避开易干扰野生动物繁衍和活动区域；确保开放共享区域具备足够的承载能力和良好的生态环境；要根据地形地貌的特点选择适合的活动类型和设施。在地形上，宜选取公园中地形相对平整的空闲地、开阔场地和运动场地等。

②植被资源　评估公园内植被的种类、分布和健康状况，特别是稀有或保护植物，避免在植物需要保育和保护的区域设置开放共享区域；评估不同绿地类型的不同承载

能力和绿地的分布、面积和特性，确定哪些区域可以承受更多的人流和活动。宜选取可供休憩活动的草坪区域和林下空间等，草坪空间优先选取长势较好、耐践踏的草坪区域；林下空间优先选取高大乔木片林下的区域，确保活动空间的高度；场地植物要选择安全性的植物，避免有毒、针刺等安全隐患。

③景观资源　评估公园的自然景观美学价值，如风景的多样性、独特性和吸引力。宜结合公园的视线通廊、景观节点等设置开放共享区域，提升公园的可识别性和影响力。

④生态资源　识别生态敏感区域和评估生物多样性，如湿地、河流走廊、野生动物栖息地等，这些区域需要特别保护，不宜设置开放共享区域。

⑤设施资源　评估游乐设施的种类、数量、状况和安全性，确定是否适合开放共享；检查运动场地（如篮球场、足球场等）的条件，包括场地大小、设施完备程度和安全性；评估休息设施（如座椅、凉亭、卫生间等）的数量和质量，确保满足游客需求；检查公园内的指示牌、导向标识等是否清晰、完整，便于游客使用。宜优先选取配套服务设施、应急保障相对完善的区域，减少改造过程中的工程量。

⑥历史遗迹　识别公园内可能存在的历史遗迹或文化遗产，并评估其保护和展示的可能性，确保公园内的历史文化遗存被安全保护；评估公园内的雕塑、壁画等艺术装饰的价值和吸引力，考虑如何与开放共享活动相结合。

⑦服务管理　评估公园中的垃圾收集点、售货点等服务设施配置情况；评估公园现有的人员配备情况；评估公园的安全监控，以及是否具备应对紧急情况（如火灾、急救等）的预案和设施。

3.2　开放共享空间设计方法

在现代城市生活中，开放共享空间承担着至关重要的社会功能。它不仅是市民休闲娱乐的场所，更是促进社区交流、增强城市文化氛围和提升市民生活品质的关键要素。本节将阐述如何根据城市发展需要、人群具体需求和场地自身特性，确立开放共享空间的发展定位。同时，将阐述如何从打开空间边界、全龄全时共享、提供舒适体验和提供社交机会4个方面，进行开放共享空间设计。

3.2.1　开放共享空间发展定位

为满足市民对于公园绿地多元化服务功能需求，开放共享空间应根据自身特色和优势，明确其差异化的发展定位。发展定位的确立，首先应基于城市的发展需要，如2018年，习近平总书记在成都考察时提出建设“公园城市”的愿景，随后出台的《成都建设践行新发展理念的公园城市示范区行动计划》，进一步推进了打造具有鲜明特色公园城市的具体行动措施；2024年，北京提出了“花园城市”的目标，聚焦落实首都战略定位、深化空间布局、彰显首都风貌、统筹配置多元要素、塑造花园场景。这些城市发展定位，为开放共享空间定位提供了方向。

其次，开放空间发展定位应针对人群具体需求的深入理解，通过调查问卷、社区会议和互动工作坊等方式，确保设计能够满足青少年、儿童、老年人、残疾人等所有用户群体的多样化需求。以墨西哥恰帕斯州学校操场改善项目为例，该项目以深入聆听当地儿童的需求为起点，通过地点信息可视化和问卷调查的方式收集儿童的创意与见解，使设计贴近儿童的实际需求。

最后，充分挖掘场地原有资源和特色，确定其在竞争中的优势和劣势，为开放共享空间制定明确的品牌形象和发展策略。如杭州的首批试点开放公园展示了城市空间功能的多元性，如"公园+雅集""公园+露营""公园+潮玩""公园+课堂""公园+集市"等，形成各具特色的公园发展定位。

开放共享区域发展定位一般有休闲娱乐型、露营野餐型、运动健身型、市集经营型、交流互动型等。

（1）休闲娱乐型

休闲娱乐型开放共享空间一般选择人流量较大的区域，靠近出入口或停车场，或与主园路顺畅连接，最好选址在开敞草坪或开阔广场。这些宽敞、简洁的空间可以容纳多样化的休闲活动，如野餐、草地运动、放风筝等，还能提供宁静的自然环境供人们晒太阳、放松身心等。通常设有舒适的座椅和宜人的景观，若条件允许，可设置丰富的服务和娱乐设施，如图书馆、咖啡厅和儿童游乐场等。

草坪的空间布局应当以大尺度的草坪作为主要的开放空间，而小范围的树丛则用来界定更为私密的空间。主要的活动草坪应保持平坦和开阔，一般不种植高大的乔灌木，以方便各种活动的开展。供人休憩的草坪可以是空旷的草地，也可以是稀树草地（树木覆盖面积为草地总面积的20%~30%）或疏林草地（树木覆盖面积为草地总面积的30%~60%），这些区域一般布置在空间边缘，并设置适当坡度，以提供给使用者更广阔的视野，便于欣赏风景或观看其他人群的活动。草坪的面积及轮廓形状，应考虑观赏角度和视距要求，高大乔木应种植在空间外围，可以与微地形结合，增强空间的围合感，为场地提供必要的遮阴，树林的林缘线应与观赏视距保持适当比例，通常宜为林高的2倍以上。

（2）露营野餐型

露营野餐型开放共享空间一般选择风景优美、绿化良好的区域，一般选择在可供游戏活动的草坪和林下空间，为露营者提供舒适的休闲体验，增强与自然的互动。露营草坪的面积应根据预期的露营人数和活动需求确定，根据美国《国家公园露营地设计指南》（*National Park Service Campgroup Design Guidelines*），集中露营地总面积可按大约90m^2/人来确定，200人以上的集中露营地可适当缩小人均面积。独立的露营单元应提供大约185m^{2}的空间，以确保足够的活动范围和私密空间。帐篷搭建范围尺寸建议4.9m × 4.9m和3.7m × 5.5m两种类型，野餐桌椅空间尺寸建议3.7m × 4.3m，帐篷营地之间距离应保持9~15m，以确保隐私和减少干扰。

露营区地形设计宜平整，便于搭建帐篷和安置野餐物品，并有足够的空间供游戏活动。周围应种植能提供充足庇荫的乔木，并提供相应的遮阳和防风设施，以应对突发天气变化。考虑到露营的便利性，应尽量靠近停车场，并设置无障碍停车位和通道。

为了满足露营者的基本需求，应配备完善的服务设施，包括用餐桌椅、垃圾桶、水源、洗手间和指示牌等。根据国际房车和露营协会（Fédération Internationale de Camping，Caravanning et de Autocaravaning，简称FICC）标准，家庭友好型设施应包括儿童游乐场、无障碍设施以及家庭卫生间。植物的选择和配置应增强露营草坪的视觉吸引力。选择适宜的乔木以提供自然的遮阴，同时考虑季节变化，确保植物景观全年的美观和舒适（图3-1）。

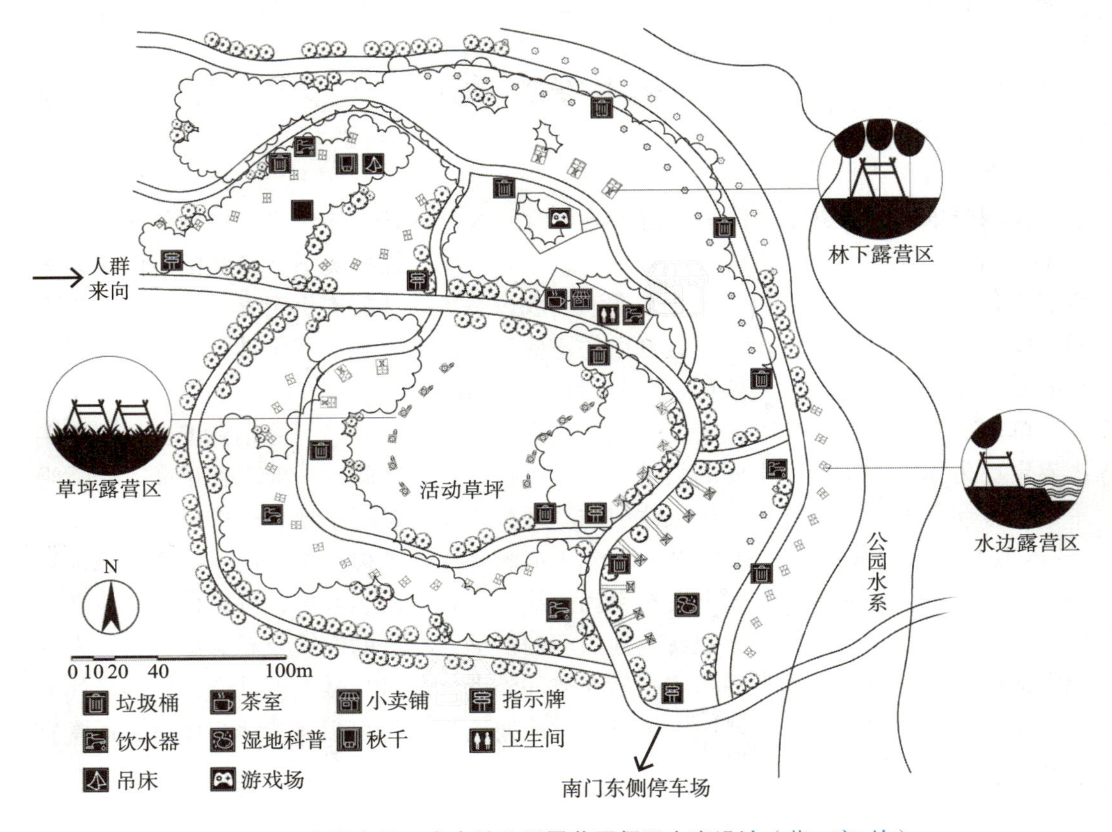

图 3-1 北京奥林匹克森林公园露营野餐区方案设计（范一宏 绘）

（3）运动健身型

运动健身型开放共享空间宜选址在公园边缘，便于游客到达。应利用地形、树丛等要素与其他区域分隔，以避免噪声和拥挤对安静区域的干扰。

应根据运动类型的不同，合理划分活动区域，设置明显的边界和活动区域标识，且保证各区域之间的间隔，避免相互干扰。用于运动的草坪空间，应确保场地平整，避免坑洼和障碍物，防止人们在活动中受伤。运动健身设施应参照《公共体育设施室外健身设施的配置与管理》（GB/T 34290—2017）要求，确保便利性和安全性。场地周围宜设置供休息的座椅，可利用地势把座位设置在面向场地的缓坡上，以提供更好的观赏视角。场地附近宜设置挂外套的挂钩、储藏箱、更衣室、洗手间、饮水处或零售点等必要设施。应安装必要的安全设施，如急救箱和警示标识，以应对突发情况。

种植设计方面，运动草地宜选择耐践踏、恢复力强的草种。场地周围宜种植高大乔木，但应避免影响场地使用和运动的视野，避免使用有毒、有刺或可能导致过敏的植物，确保运动者的安全和舒适。

（4）市集经营型

市集经营型开放共享空间是集中布置食品、手工艺品和纪念品等摊位的区域，是激发城市活力、提供社交机会的重要场所。一般选择城市中容易看见和进入的位置，便于顾客到达并吸引更多人流，同时应考虑配置供货物装卸和顾客停放车辆的停车场。此外，必须提供充足的基础设施，如卫生设施和垃圾回收点，以保障顾客的舒适与环境卫生，并确保其位置便于使用且不会干扰市集主要活动。为确保顾客的安全与便利，应设置清晰的指示标识和导向地图，以及在夜间提供充分的照明。还应利用地形和植物的组合分隔场地和城市环境，减少城市交通噪声和扬尘对场地的影响，并通过种植季节性乔灌木和花卉与季节性活动协调。

（5）交流互动型

交流互动型开放共享空间选址时应考虑其在城市中的可见性和可访问性，确保人们能轻松到达并愿意停留。可以选择自然元素主导的草坪、林下空间，或人工要素主导的广场空间。

交流互动型空间应有足够的面积容纳各种活动，如露天电影、演艺活动和讲座沙龙等。在设计有演出功能的开放空间时，必须要设计逃生紧急疏散通道路线以及预留后场区域。可以设置可移动的座椅、桌子，以助于人们之间的交流与互动。

此外，应提供遮阳伞、遮阳棚或遮阴乔木等，为空间提供围合和私密感，增加人们的使用率和停留时间。设置具有公共参与性的艺术作品，如可触摸的雕塑和可进入的喷泉，可以增进陌生人之间的交流。在植物的选择上，建议种植分枝高度不低于2.2m的落叶乔木，这样在夏季可以遮阴，在冬季落叶后则允许阳光透过枝干照射到地面，且不遮挡使用者观看活动和表演区域的视线。

考虑到场地使用效率和灵活性，设计时应考虑到不同功能区域之间的转换可能性。例如，休闲娱乐型空间在特定时间可以转变为市集经营场所，而运动健身型空间也可以临时作为演艺活动的举办地。因此，在规划时需预留足够的空间以及必要的基础设施，如电力和水源等，以适应这些功能变化的需求。

3.2.2 开放共享空间设计要点

开放共享空间设计要注重4个设计要点：打开空间边界、全龄全时共享、提供舒适体验和提供社交机会。

3.2.2.1 打开空间边界

为满足开放共享空间可达性的基本要求，应根据《公园设计规范》（GB 51192—

2016）要求，确定出入口广场的尺度以及出入口道路的宽度。对于需要举办大规模活动的公园，特别需要考虑增设紧急疏散通道，以确保在紧急情况下人员能够迅速、安全地撤离。

为增强开放共享空间可达性，可进一步采取一系列措施：如增加出入口数量，扩大出入口广场面积、设置与城市道路顺畅连接的无障碍坡道、通过景观设计增加入口吸引力，以及增加开放共享空间边界可见度等。以美国纽约布莱恩特公园（Bryant Park）为例，其在20世纪90年代初的更新改造中，通过移除铁栅栏和灌木、增加了出入口可见度和数量等措施，使得公园的使用频率翻倍，尤其是女性用户的使用频率得到显著增加（图3-2）。

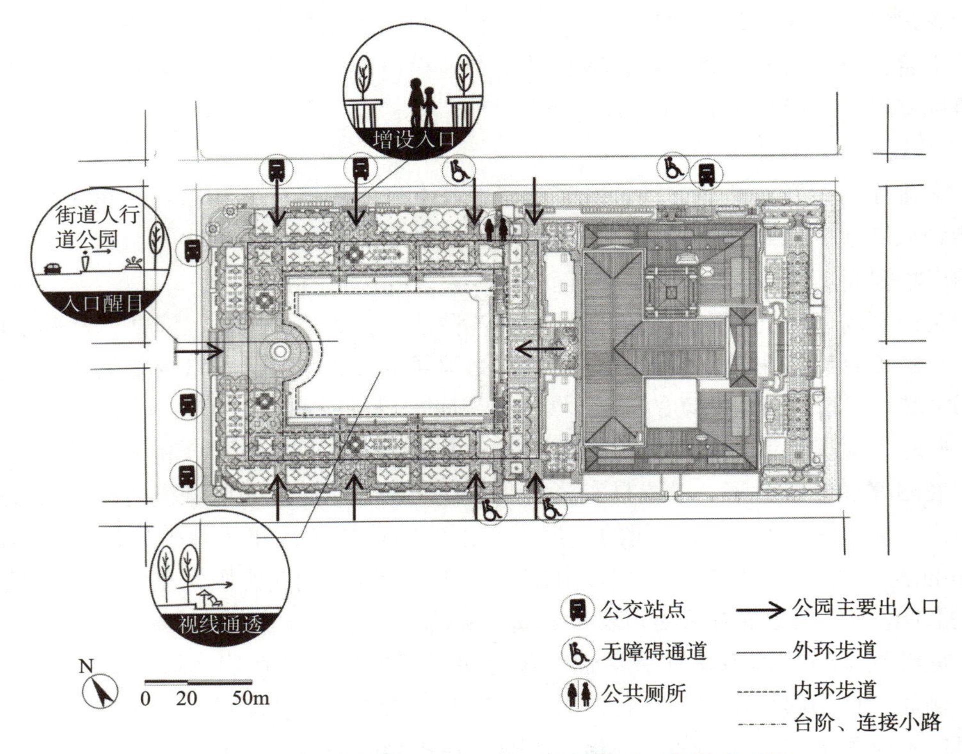

图 3-2　纽约布莱恩特公园提升可达性的措施（杨诗琪 绘）

3.2.2.2　全龄全时共享

公园开放共享空间以创造“以人民为中心”的美好生活为导向，其功能构成、空间布局、设施配置都应符合不同年龄人群心理和生理需求，各类游憩设施应依据不同功能和用户群体进行专门设置。

各类规范的安全性要求，对于包括弱势群体在内的所有游人都是友好且必要的。开放共享空间设计目标不是为儿童和老年人划出特定区域，而是营造一个不同年龄、能力、背景群体都能感受到的受欢迎和被包容的环境。

适老型空间设计应考虑不同身体状况老人的融入，确保就近、舒适、安全、便于交往，应设置适老化设施，考虑老年人的身体机能和行为特点，设置急救设施、安全扶手、休息设施、助老通道、轮椅租赁处等适老化设施。宜以500m为服务半径设置老年人游憩设施，如曲艺舞台、健身设施等。

儿童友好型空间应尊重儿童游戏心理行为、激发儿童好奇心、注重安全可达性、增加自然要素的应用，儿童游戏场与游人密集区、主园路及城市干道之间，宜用植物或地形构成隔离地带，宜在附近设置家庭洗手间。根据儿童特点，宜以300m为服务半径设置儿童游憩设施。此外，儿童使用的游戏设施应坚固、安全、耐用，防护栏应采取防攀爬的设计，采用垂直栏杆时，杆间距不应大于0.11m。

残疾人友好型空间设计应根据《无障碍设计规范》（GB 50763—2012）、《建筑与市政工程无障碍通用规范》（GB 55019—2021）的相关规定，设置步行路、坡道、专用停车位、标识牌、便于坐轮椅使用的桌子、休息座椅旁的轮椅停留位置、无障碍洗手间等，在无障碍设施周边应设置无障碍标识（图3-3）。

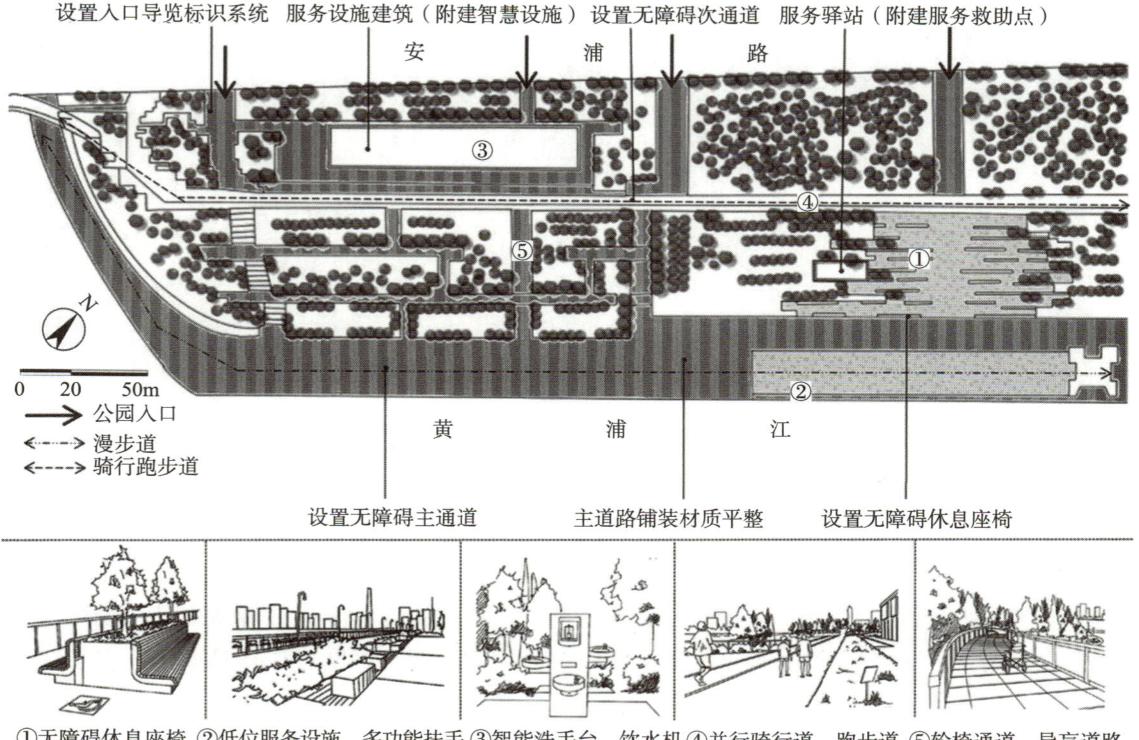

图 3-3　上海杨浦滨江空间无障碍设计（王欣 绘）

事实上各类规范的安全性要求，对于包括弱势群体在内的所有游人都是友好且必要的。开放共享空间设计目标不仅是为儿童和老年人划出特定区域，而是营造一个不同年龄、能力、背景群体都能感受到的受欢迎和被包容的环境。此外，植物选择也应考虑弱势群体的安全性，避免选择有毒、有刺、有刺激性和易遭病虫害的植物。

开放共享空间除了面向全龄共享，还应延长服务时间，力求打造全时共享的环境。应对有实际需求且符合条件的公园开放空间实施24小时全时开放。上海市于2023年12月印发了《上海市城市公园实行24小时开放管理指引（试行）》，超过60%的城市公园实行24小时开放，为公园开放共享的新需求做出积极尝试，并探索夜间开放分区划定、夜间智慧管理等举措，避免对公众、生态的负面影响。24小时开放的共享空间在空间设计上，宜保持开放空间与城市道路的视线通透性，根据游人行为规律和分布密度，合理设置庭院灯、草坪灯、泛光灯、地坪灯或壁灯等，可通过特殊景观设计如灯光装置、夜景喷泉、夜间开花植物等营造独特氛围（图3-4）。

图 3-4　纽约布莱恩特公园提供夜间照明、夜景装置、夜间餐饮服务和滑冰项目（李东咛 摄）

3.2.2.3　提供舒适体验

满足舒适性需求是提高场地使用效率和使用时长的关键因素。舒适度是一个综合概念，用来衡量使用者生理与心理维度对物理环境的满意程度。根据马斯洛需求层次理论，生理舒适度需求是人的最基本需求，是实现归属感、尊重、认知和审美等高层次需求的基础。研究表明，在公共空间中，舒适的小气候条件，包括温度、阳光、阴影和风对支持户外活动非常重要。随着气候变暖和其他极端天气事件的增加，确保公共空间的热舒适性及提供遮风避雨的场所变得尤为重要。优化开放共享空间的微气候条件，如增加遮阴、设置水景、促进交叉通风和设置降温设施，不仅延长使用者的停留时间，还能增强城市应对气候风险的韧性（表3-1）。如墨尔本市费尔代尔公园（Ferndale Park）在儿童活动场地附近安置遮阳设施，为儿童和看护者提供躲避炎热天气的场所；墨尔本市动物园（Melbourne Zoo）互动喷雾降温装置为人们提供凉爽的同时增加了趣味性的互动（图3-5）。

与生理舒适度同等重要的还有心理舒适度。Korniyenko等提出了“六感框架”，包含连接感、自由感、清晰感、私密感、安全感和平静感，每种感觉都对应一系列指导原则，这一框架拓展和完善了户外空间中舒适感的内涵。研究表明，适宜的空间尺度和色彩、硬质（建筑、铺装、构筑物）和软质（水体、植物）的设计安全性、良好的维护管理迹象能给使用者带来积极的空间体验，从而提高空间的使用效率。

表3-1 提升微气候舒适度的措施（李东咛、范一宏 绘）

目 标	具体措施	措施图示	目 标	具体措施	措施图示
夏季降温	建筑底层界面架空。为底层餐饮、步行、停留等活动提供荫蔽		冬季防风	建筑底层界面架空。为步行、停留等活动提供避风功能	
	遮阳廊架、遮阳休息设施。休息廊和花架也可以设计成可调节的百叶遮阳板	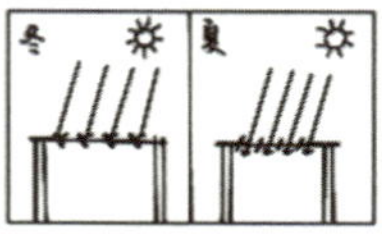		设置地形、植被。冬季主导风向上结合地形和高大、郁闭的常绿植物，形成寒风屏障	
	种植高大乔木。枝繁叶茂的落叶乔木可以在夏季遮挡烈日			建筑或挡墙。遮挡冬季寒风	
	喷雾降温。水雾扩散蒸发带走空气中的热量，降低温度		避雨	建筑底层界面架空。为底层餐饮、步行、停留等活动提供遮雨功能	
	水景降温。水分蒸发使周围气温下降；喷泉瀑布等产生水雾，以扩散降温			避雨廊架。在雨雪天气提供遮避功能	
夏季通风	软硬地表交错排布。种植和铺装地表辐射差异形成局部温差，促进空气流动	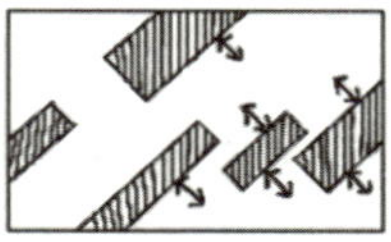	冬季采光	活动广场种植落叶乔木。冬季有利于为活动场地提供太阳辐射	
	地形和构筑物引导夏季风向。场地夏季上风向宜开敞，设置顺应风向的地形和构筑物，促进通风排热	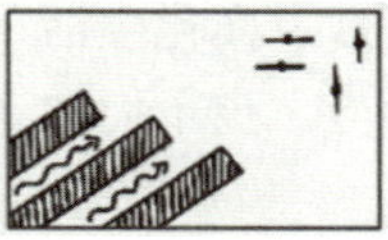		活动空间选在日照时间长的区域。利用日照分析选择冬季活动场地位置	

费尔代尔公园儿童游乐场的遮阳设施

墨尔本动物园互动喷雾降温装置

图 3-5 墨尔本市公园改善小气候舒适度的设施（李东咛 摄）

3.2.2.4 提供社交机会

在扬·盖尔的《交往与空间》（2022）中，户外活动分为必要性活动、自发性活动和社会性活动，其中社会性活动特别依赖于高品质的环境，属于一种更高层次的自发性活动。鼓励社交的空间应该具有开敞性和弱限制性，以容纳和适应多种公共活动。人们通过观察他人行为和活动，或是直接参与共同的活动，以积极的方式感受自己是更大群体的一部分，进而激发“共享感”。

开放共享空间应提供充足的鼓励社交的设施。根据《公园设计规范》（GB 51192—2016）一般按照游人容量的20%~30%设置座椅。应按照游人流量、观景、避风向阳、遮阳避雨等因素合理设置座椅，宜选用冠形优美、形体高大的乔木进行遮阴。在条件允许的情况下，应考虑配置使用简便、灵活，而且便于重新排列的可移动的桌椅，进而营造更好的社交环境。以哈佛大学校园广场为例，通过放置可移动的桌椅，促进了会面、聊天、休息、学习、吃饭、看表演，以及抢椅子游戏等一系列活动，进而将不同年龄、背景和专业的群体聚集在一起，使场地成为校园社交活动的中心。

露天演出场观众席、临水平台和儿童游乐场内，宜保持视线开阔，不种植阻碍视线和通行的植物。以澳大利亚珀斯兰利公园（Langley Park）为例，该公园面向天鹅河岸，设置了一片开阔的草坪，四周规整种植分枝点较高的乔木，既阻隔城市道路灰尘和噪声，又保留天鹅河岸方向的开阔视野。这片空间为一年四季举办的各类文化演出、电影放映等活动提供场所。这些活动不仅丰富了文化生活，还促生了陌生人之间的交流和互动——包括艺术家表演者邀请观众参与、孩子们在音乐中跳舞和参与演奏、观众的交谈分享等（图3-6）。

土著演奏表演

极限运动表演

图 3-6　澳大利亚珀斯兰利公园活动（李东咛 摄）

3.3　服务体系构建方法

城市公园公共服务体系的构建，能够促进公园的可持续发展。公园的服务体系是指在公园运营管理中，为了满足游客的多元化需求而提供的全面、高效和优质的服务集合。这些服务覆盖了从游客进入公园前的信息获取，到游客在公园内的各项活动，再到游客离开公园后的反馈收集，形成了一个完整的服务闭环，确保游客在公园内获得满意的体验。

传统公园服务体系由多个方面构成，包括面向游客的接待和咨询服务、提供休闲放松的设施服务、确保游客安全的应急服务、维护公园环境卫生的清洁服务、保持设施良好运行的维护服务，以及策划和组织各类文化、节庆和教育活动的服务等内容。开放共享的公园在管理模式上更注重用户体验和公众参与，在服务模式上置入了消费、文化和运动健身等体验场景，在服务内容上更多样化和个性化，目的是为市民提供更多元化、更高品质的服务。

3.3.1　公众参与管理

鼓励公众参与公园的管理和服务，主要的方式是志愿者服务。志愿者可以参与开放共享公园中的各种管理和服务工作，为公园的运营和游客的体验贡献力量。公园管理者可以通过各种渠道，如社交媒体、官方网站、社区公告等发布志愿者招募信息，吸引对公园管理和环境保护有热情的市民加入。志愿者接受相关的培训，包括公园的历史与文化、环境保护知识、安全注意事项和志愿服务流程等，以确保志愿者能有效地参与到公园的管理与服务中，之后再根据志愿者的特长和兴趣，将他们分配到不同的岗位，以提供以下服务：

①提供游客咨询服务　如解答游客关于公园开放共享区域位置、活动和设施使用等问题，帮助游客规划游览路线，推荐公园内的特色景点和活动等。

②协助公园组织各类活动　如文化演出、亲子活动等，提升游客参与度和满意度。

③宣传环保理念　如提倡游客绿色出行、减少垃圾产生等环保行为。

④参与公园美化环境的工作　如公园的植树造林、花草种植等绿化工作。

⑤监督游客的行为　确保游客遵守公园的规章制度，不破坏公园的生态环境。

⑥照顾老年人、残疾人等特殊群体　如协助特殊群体使用公园设施、提供必要的帮助等，组织老年人进行健身活动、残疾人进行文化交流等活动，促进他们的社会融入和身心健康。

公园管理者对有突出贡献的志愿者应予以表彰和奖励，可以通过建立志愿者服务积分与时间储蓄等制度实现，允许志愿者通过累积的志愿服务时长兑换公园提供的各类服务或资源，激励志愿者持续参与志愿服务活动。公园还可以通过各种渠道宣传志愿者的优秀事迹，让更多的人了解并参与志愿服务，形成积极的社会氛围。在这个过程中，志愿者们为公园的管理和服务提供了有力支持，同时也提升了自身的社会责任感和实践能力，增强了自信心和社交能力，获得了更佳的个人满足感与幸福感。他们的积极参与也会吸引更多的市民参与公园的管理和服务，共同营造更加美好的公园环境。

3.3.2　消费场景置入

开放共享的公园在保障公益服务的同时，可以通过市场化经营模式，推动多元经济主体共同参与运营，挖掘公园附属的经济潜能，缓解仅依靠政府财政支出的资金压力，如利用空闲地引入书屋、咖啡茶室、移动餐车等业态，推出公园消费市集。结合城市功能、公共服务设施、产业、商业和文化等，形成“公园+”的空间布局模式，挖掘打造一批公园消费、文化和运动健身等体验场景，促进公园绿地的生态价值不断转化为经济价值、生活价值。

消费场景的置入有助于提升公园的吸引力，促进消费增长和增强游客体验。多元化的消费场景和互动活动能够丰富游客的游览体验，让游客在享受自然美景的同时，又能感受到公园的文化氛围和人文情怀。如在2022—2023年，深圳各大公园累计举办超过30场消费市集/营地体验活动，打造“公园+市集”“公园+美食”“公园+文创”“公园+电影”“公园+音乐”等系列公园消费体验活动，打造公园特色消费IP，以公园绿地开放带动文旅、休闲等产业发展。

开放共享公园中消费场景置入的服务管理，需要综合考虑多方面的因素，包括管理、环境、安全、经济和社会文化等方面。在置入消费场景时，首先要确保市场机制的引入不会损害公园的公益性和开放性，以确保公园的可持续发展和游客的满意度。公园管理者应根据公园的特点和游客的需求，合理规划和布局消费场景，实现经济效益和社会效益的双赢。

3.3.3　功能复合共建

开放共享公园在功能服务方面，可根据游客的需求变化，灵活调整公园的服务内容和形式，以满足不同年龄、兴趣的游客的需求。开放共享区域在确保具备便民服务点、公共厕所、停车场、步道、座椅、监控、垃圾箱、照明等基础设施的基础上，根据公园所在区域的特点和周边人群的需求，制定精准的运营规划策略，提供多样化的服务设施和活动空间，打造多功能、全时段的公园使用体验。如草坪空间结合市民活动新需求，设置艺术化打卡装置、最佳拍照点，增设移动式遮阳伞、充气沙发、露营桌椅租赁点等；林下空间结合文化建设，布置流动图书角、移动书柜等小型阅读装置；休闲广场空间结合文体设施，增设如乒乓球台等小型健身设施、便民置物挂衣架等；宜增设无线网络系统，满足开放共享区域市民游客上网的需求；鼓励设置休憩驿站、城市书房、花艺馆、互动体验馆等创意服务载体，进一步激活空间活力。

美国纽约中央公园在1857年开放，现面积为341hm^2，目前每年有逾4000万游客到访。中央公园以丰富的自然景观和多样的活动空间而著称，其完善的服务体系主要体现在：

①丰富的自然景观和设施　中央公园为市民和游客提供了丰富的自然景观，包括庭荫树、大片开阔的草坪和湖泊。这些自然景观不仅为市民提供了休闲娱乐和运动健身的空间，也吸引了大量的游客前来参观。

②多样的活动和文化项目　除了基础设施和服务外，中央公园还定期举办大型的文化活动，如音乐会、文化展览、户外影院等，这些活动不仅丰富了市民和游客的文化生活，也为公园注入了新的活力。

③提供教育和科普功能　公园内查理·德纳探索中心（Charles A. Dana Discovery Center）、德拉科特剧院（Delacorte Theater）和眺望台城堡（Belvedere Castle），提供了导览、信息服务和紧急援助，涵盖了文化、教育、休闲等多个领域。如眺望台城堡作为中央公园的学习中心，为游客提供了园内野生动物的相关信息，还有野生世界展览、教育课程及儿童研习班。

④完善的运营和管理　公园还有专门的活动策划团队，负责组织和推广各类文化、体育活动，如音乐会、马拉松比赛等。另外，中央公园的服务体系与周边社区、企业等保持着密切合作关系。公园定期与社区组织合作举办各类活动，增进与市民的互动（图3-7）。同时公园与企业合作，引入更多商业设施和服务，为游客提供更多选择。

这种开放性和合作性使得中央公园的服务体系更加完善，也更加符合市民和游客的需求。通过多样化的服务和活动，纽约中央公园成功吸引了不同年龄段的市民和游客，使得公园长期保持着活力和吸引力（图3-8）。

图 3-7　公园与周边社区组织合作举办各类活动

（庞颖　摄）

图 3-8　美国纽约中央公园活动人群

（孙伟斌　摄）

小　结

本章主要探讨了公园开放共享区域的划定方法、开放共享空间的设计要点以及开放共享与服务体系的构建方法，旨在为公园管理者和设计师提供一套系统的指导原则和实践方法，以更好地实现公园的开放共享和服务功能。

思考题

1. 简述公园开放共享区域的划定原则，并讨论这些原则在实际划定过程中的应用与体现。

2. 在开放共享空间的设计中，如何平衡空间的功能性与美观性？请提出具体的设计策略或建议。

3. 结合当前城市公园的发展趋势，思考如何在公园开放共享与服务体系的构建中融入创新元素，以提升公园的服务水平和市民的满意度。

拓展阅读

1. 交往与空间. 扬·盖尔. 中国建筑工业出版社，2002.

2. 人性场所：城市开放空间设计导则. 克莱尔·库珀·马库斯，卡罗琳·弗朗西斯. 中国建筑工业出版社，2001.

3. 城市开放空间——为使用者需求而设计. 马克·弗朗西斯.中国建筑工业出版社，2017.

第4章 公园运营管理与绿色低碳生活

党的二十大报告指出，要科学开展大规模国土绿化行动。国土绿化是改善生态环境、应对气候变化、维护生态安全的重要举措。生态产品多数属于公共产品，不能直接通过市场方式交换，需要政府积极引导，建立保护者受益、使用者付费、破坏者赔偿的利益导向机制。要完善横向补偿、纵向补偿等补偿机制，探索建立自然资源开发利用生态补偿机制，健全生态环境损害赔偿制度。推动建立生态产品价值评估机制，健全生态产品经营开发机制，促进生态产品价值转化。

2023年9月25~26日，全国城市公园绿地开放共享工作现场会议召开。会议深入学习贯彻习近平总书记关于城市园林绿化工作的重要指示精神，全面落实全国住房和城乡建设工作会议要求，总结城市公园绿地开放共享试点工作进展，并交流地方经验做法，推动城市园林绿化高质量发展。会议提出，要加强城市园林绿化建设，大力推进公园绿地开放共享，推广“轮换制”等养护管理机制。鼓励各地增加可进入、可体验的活动场地，在公园草坪、林下空间以及空闲地等区域划定开放共享区域，完善配套服务设施，更好地满足人民群众搭建帐篷、运动健身、休闲游憩等亲近自然的户外活动需求。

4.1 公园绿色低碳生活策划与运营

公园不仅为人们提供休闲娱乐的场所，也是进行低碳生活的理想场所。城市公园中可以进行的低碳休闲活动包括参与绿道徒步、自行车骑行、健身活动、观光、露营和散步。

4.1.1 绿色低碳生活的活动类型

2023年12月27日，《中共中央 国务院关于全面推进美丽中国建设的意见》（以下简称《意见》）对“践行绿色低碳生活方式”作出专门部署。《意见》提出要践行绿色低碳生活方式；倡导简约适度、绿色低碳、文明健康的生活方式和消费模式；发展绿色旅游；持续推进“光盘行动”，坚决制止餐饮浪费；鼓励绿色出行，推进城市绿道网络建设，深入实施城市公共交通优先发展战略；深入开展爱国卫生运动；提升垃圾分类管理水平，推进地级及以上城市居民小区垃圾分类全覆盖；构建绿色低碳产品标准、认证、标识体系，探索建立“碳普惠”等公众参与机制。中华环保联合会绿色循环普惠专委会、生态环境部宣传教育中心、生态环境部环境规划院、北京大学等多家单位联合发布《公民绿色低碳行为温室气体减排量化导则》，对衣、食、住、行、用、办公、数字金融7大类40项绿色低碳行为进行了详细描述与推荐。

以7大类绿色低碳行为作为基础，可以将公园内绿色低碳生活的活动类型分为食、行、游、教4大类。

4.1.1.1 食

食是居民行为起居的基础。在公园内的饮食及其相关行为可以增加游客的参与度和享受度。与食相关的生活行为有以下类别：

①野餐派对　在公园中组织野餐派对是最传统也是最受欢迎的活动之一。可以提供定制的野餐篮，包括美食、饮料和野餐必需品，为游客提供一次无忧的野餐体验。尽可能采用冷餐的形式，一定程度上减少因食物再次加热所产生的碳足迹，降低能源的损耗。还可以选择当地季节性水果和蔬菜进行野餐，这样还能减少因长途运输食品而产生的碳排放。

②户外烹饪课　在公园的户外环境中举办烹饪课，并尽可能选择不生火的烹饪模式，如沙拉、凉菜等。这不仅仅是教授烹饪技巧，更是一种享受户外氛围和新鲜空气的方式。烹饪课所带来的新式观念也能融入居民日常生活中，从而代替部分传统高油烟的烹饪方式，减少碳足迹。

③食品博览会　邀请各种小吃车和当地特色餐厅参展。这样的活动可以让游客一次尝遍各种美食，同时也为当地的餐饮业者提供展示自己的平台。

④户外电影之夜　提供美食车服务，让人们在享受电影的同时也能享用美味的食物。这种文化和餐饮的结合活动通常很受欢迎。

⑤农夫市场　出售新鲜的农产品和手工美食。这不仅支持了当地的农民和小规模生产者，也为游客提供了健康、新鲜的食品选择。

⑥健康与绿色生活节　专注于健康和可持续生活方式的节日，包括健康饮食研讨会、绿色饮食的烹饪展示和设置健康食品摊位。

⑦文化美食节　每次活动专注于一种特定的文化，通过食物、音乐和艺术展示文化的多样性。这样的活动可以增进游客对不同文化的了解和欣赏。举办主题鲜明的特色市集，如围绕茶文化、咖啡文化开展的美食市集；围绕当地特产、助力文化交流的美食市集。或是以美食为基础，结合配饰、服饰、数码、家用、亲子等业态，为消费者打造一处逛街 + 美食的多元体验场所。结合露营、观影、音乐节等社交、休憩空间的潮流市集，满足消费者一站式吃喝玩乐的新需求。

⑧餐车节 鼓励各种餐车聚集公园，提供各自的特色菜肴。这样的活动通常会吸引大量的美食爱好者。

通过这些活动，公园不仅能成为一个放松和休闲的场所，还能成为当地社区文化和美食的展示窗口，促进游客和当地居民的互动。

4.1.1.2 行

交通路径作为空间中的线性元素，具有明确的方向性和流动性。交通路径直接连接不同的空间和景点，引导游人在绿地中漫步游览、驻足观赏。交通的共享可以满足人们日常休闲游憩、日常运动健身、摄影等活动的需求。设计师可以对游赏步道进行优化，并结合场地资源及活动类型，完善园路、栈道等多栖立体交通路径，满足市民安全舒适、便捷可达的基本需求，提升共享区域陆路、水路游赏体系。优化健身步道的安全性、舒适性，为人群提供便捷的慢行网络和丰富的文化体验。宜依据年龄需求配置相应的运动设施，如篮球场、羽毛球场、足球场、门球场、轮滑场、乒乓球台、健身器材等设施，同时合理增设休息设施、卫生服务设施等。

选择步行、骑自行车或乘坐公共交通工具到公园，减少个人汽车的使用，降低碳排放。以“行”为主题的相关活动有：

①自行车之旅 引导游客骑行穿越公园的不同区域，同时解说沿途的自然风光和历史背景。可以提供不同难度的路线，满足不同年龄和体能水平的游客需求。

②滑板和轮滑表演 在公园设立专用的滑板场或平滑路面，举办滑板和轮滑的表演或教学课程，吸引年轻人参与并尝试这些充满乐趣的交通工具。无能源消耗的滑板、轮滑不会对资源产生过多的消耗，可以充分降低碳排放。

③环保交通工具展览 展示各种环保交通工具，如电动自行车、电动滑板车等，提供试骑体验，增加公众对环保出行方式的兴趣和认识。

④步行健身挑战 设置一系列步行路线，并通过手机应用或活动手册跟踪参与者的进度。设立完成不同挑战的奖励，鼓励游客步行探索公园的每一个角落。同时可以设置健身发电装置，通过行人的活动来产生新的能源，将电力积蓄，以供给夜间照明。

⑤观鸟和自然徒步旅行 组织专家引导的观鸟或自然徒步旅行，让游客在步行的同时，了解公园的生物多样性和自然生态。

⑥宝藏寻找游戏 利用卫星导航地图或传统地图，设置一个宝藏寻找游戏，让参与者通过步行来寻找隐藏在公园各处的“宝藏”。这类活动依托于步行，不会产生新的碳足迹，同时其趣味性又能很好地满足游客的需求。

⑦历史文化探索之旅 通过步行或骑行的方式，参与者可以探索公园中的历史遗迹、文化地标和艺术装置，增进对公园和历史文化的了解。

⑧夜间照明骑行 在公园内举办夜间照明骑行活动，参与者可以装饰自己的自行车，并沿着特定路线骑行，享受夜间公园风光。

通过这些活动，不仅可以鼓励游客使用环保的出行方式探索公园，还能增强他们对公园文化、历史和自然环境的认识和尊重。同时，这也为公园管理者提供了一个提升环保意识和倡导健康生活方式的平台。

4.1.1.3 游

露营等轻介入、低碳化的休闲方式，正在成为当代年轻人、亲子家庭、情侣亲友等各类群体喜爱的主要活动之一。休闲露营能够满足公众在自然中放松身心、短暂逃离焦虑与快节奏城市压力的需求。露营场地需要满足空间充足、方便抵达、周边配套相对完善等基本条件。

公园可以依托现状环境与资源等，合理增设艺术装置，规划游览路线与最佳观景点，为公众提供摄影打卡、停留休憩、观景游赏等活动空间。还有助于创意场景的营造，借助自然美景激发创作灵感，打造便捷可达、具有文化与美学内涵的高品质风景地。设计师可以利用植物景观、气象景观（如观星赏月、观日出日落）等一系列具备特色与美学质感的场景，来满足人们多样化的游憩、休闲需求。

①瑜伽和冥想课程　在公园的宁静角落举办户外瑜伽和冥想课程，让参与者在自然的环境中找到身心的平衡和宁静。

②户外画室　举办绘画工作坊，鼓励游客捕捉和表达他们对公园美景的感受。

③音乐与戏剧表演　定期在公园的露天舞台或特定区域举办音乐会和戏剧表演，为游客提供文化娱乐体验。

④星空观测之夜　利用公园相对较低的光污染，举办星空观测活动，还可以邀请天文学家来进行讲解，增加活动的教育价值。

⑤健康跑和步行俱乐部　定期组织健康跑或步行活动，鼓励游客在公园内锻炼身体，同时享受户外的新鲜空气和自然风光。

⑥亲子活动　设计适合家庭参与的活动，如寻宝游戏、自然教育活动和手工艺工作坊，促进家庭成员间的互动和合作。

⑦园艺工作坊　举办园艺教学活动，教授游客如何种植和养护植物，同时也可以让他们参与公园的绿化和养护工作。

⑧静态阅读区　在公园内设立阅读区，配备舒适的座椅和丰富的图书资源，为爱书人士提供一个既能与自然亲近，又能享受阅读乐趣的空间。

⑨水上活动　如果公园内有湖泊或河流，可以提供划船、皮划艇或立式划水板等水上活动，让游客在水上享受休闲时光。

⑩自然摄影比赛　举办自然摄影比赛，鼓励游客探索公园并捕捉美丽的自然瞬间。这样的比赛不仅增加了游客的参与感，还能展示公园的自然美。

针对儿童、青少年这一群体，参照《城市儿童友好空间建设导则（试行）》，设计师应根据儿童年龄层次划分，研究儿童的活动特征与成长需求，为儿童提供安全舒适、活动多样、亲近自然的户外活动空间。婴幼儿活动区（0~3岁）宜设置沙池、篮式秋千、低矮滑梯、学步设施等简单、安全的游乐设施；学龄前儿童活动区（3~6岁）宜设置沙池、浅水池、秋千、跷跷板、滑梯、转马和其他游乐设施，宜设置家长休息看护区、亲子互动区等；小学生活动区（6~12岁）宜设置滑板、溜冰、羽毛球、乒乓球、篮球、足球等体育运动设施，以及攀爬探索类游乐设施和其他可发展儿童组织能力、增强体力的游乐设施，宜设置家长休息看护区、科普互动设施、自然课堂活动区等；中学生活动区（12~18岁）可设置更为复杂的体育运动设施。

通过这些多样化的活动，公园不仅可为游客提供丰富的休闲游憩选择，也能增强游客对自然环境的鉴赏力和环境保护意识。

4.1.1.4　教

公园可以依托优越的自然资源，为公众提供自然课堂、科普研学、户外探索等活动。教育研学活动还包括以下类型：

①自然观察日记工作坊　鼓励儿童和成人记录他们在公园中观察到的动植物，通过画画或写作的方式，增强他们对自然的观察力和欣赏能力。

②环保教育课程　举办专题课程或工作坊，教授参与者关于环境保护、可持续发展的知识，以及在日常生活中如何实践环保。

③历史文化探索活动　如果公园内有历史遗迹或文化标志，可以通过解说导览、角色扮演游戏等方式，让游客深入了解这些遗迹背后的故事和文化意义。

④科学实验活动　设计简单有趣的户外科学实验，如水质测试、太阳能烹饪器制作等，旨在启发参与者对科学原理的兴趣和探索欲望。

⑤观星会　在晚上组织观星活动，邀请天文学家来讲解星座、行星运动等知识，同时使用望远镜观测夜空，增进大众对天文学的兴趣。

⑥动植物识别赛　通过举办动植物识别比赛，激发游客学习和识别公园内各种生物种类的兴趣，同时教授他们如何使用识别指南和应用程序。

⑦生态摄影课程　提供生态摄影工作坊，教授如何通过镜头捕捉自然之美，同时传达保护环境和珍视自然资源的重要性。

⑧地质探索之旅　如果公园地质类型多样，可以组织地质探索之旅，介绍不同的地质结构、岩石类型和地质变迁历史，提升游客的地学知识。

⑨园艺学习班　教授参与者如何种植和养护植物，包括家庭园艺技巧和公园绿化知识。

⑩野外生存技能课程　提供野外生存技能训练，如制作避难所、找寻食物和水源、野外急救等，增强游客的自然探索能力和生存技能。

4.1.2　公园绿色低碳生活运营策划

在城市开放共享背景下，随着对公园的使用频率的增高，为保障公园活动的多样性与公园服务质量的稳定性，其运营策划势必迎来新一轮的调整与提升。

从提升的目标与方向来看，公园的运营策划应围绕提升公园的环境价值、社会效益和经济可持续性展开，通过多方合作和创新管理模式，使城市公园成为城市绿色发展的重要支撑。

从提升的具体内容来看，公园绿色低碳生活的运营策划可以分为管理运营和受众两个方面。

4.1.2.1　管理运营

管理运营方在运营策划中，应重点关注提升公园的开放性、可持续性和社区参与度。在城市开放共享绿地视角下，运营管理内容如下：

（1）游园管理

游园管理即对游人在公园中进行的活动行为进行管理，可按活动适宜程度分为适宜活动、不适宜活动和禁止类活动。

适宜活动　根据空间特征与活动特性，分类引导游人开展各项适宜活动，并加强适宜活动的宣传推广。

不适宜活动　①不建议开展性质特殊的体育活动，即不建议在开放共享绿地中进行强对抗性竞技运动或者会严重破坏草坪的体育活动。如腰旗橄榄球、摔跤等。②露营时间建议与公园开放时间一致，避免安全隐患。③不建议开展对公共空间存在潜在破坏的活动。

禁止类活动　①禁止明火，即禁止开展明火烧烤、明火煮食等可能威胁人身与环境安全的活动。②禁止践踏非开放区域的植被，具体表现为禁止随意穿越绿地、进入公园的行为。③禁止破坏植物，禁止随意采摘、折枝等破坏植物的行为。④禁止破坏环境卫生，即禁止乱扔垃圾、乱扔烟头、毁坏公物等破坏公共空间卫生的行为。

（2）应急安全管理

应急安全管理可从团队、设备准备，急救管理，安全培训，安全管理等方面进行全链条的管理。

成立专业团队、配置应急设备　①成立专业团队，明确职责分工。即成立应急领导小组，负责应急指挥协调工作。联动各部门、线上线下及时了解公共空间中的突发情况，及时发布预警与调动指令。加强与公安、消防、医疗、环保等相关部门的沟通协作，建立智慧数据共享平台，确保各部门快速响应。②配置应急设备，定期检查维护。根据场地的活动内容，针对性配置应急设施，如应急报警系统、紧急救治设备[包括自动体外除颤器（AED）、急救箱和其他医疗设备]、消防器材、监控设备、应急避难场所及标识等，并定期检查维护确保其正常运行。③定期组织演练。定期组织培训和演练活动，提高团队应对突发事件的快速反应力和处置能力，增强团队对风险的防范意识。

应急管理　①事前预防。针对极端天气等可以提前预知的紧急情况，提前24小时通过公众号、电子警示牌、场地播报系统等方式向公众发出通知预警。②应急响应。针对突发紧急情况，如中暑、跌落、触电、误食、烧伤烫伤等，通过紧急报警系统一键通知救援团队，并将信息同步给公安、消防、医疗、环保等部门。救援队接到指令后立即赶往现场，进行初步救援抢险，并维护现场秩序，随后移交给专业部门进行后续救援。

急救培训　通过公众号、宣传栏、教育手册、宣讲课堂等对公众开展“海姆立克急救法”“AED 使用方法”的培训活动，提升公众应急处置能力。

安全管理　①加强安全巡逻。成立安全巡查组，在共享区域开放时间内进行安全巡逻，维护场所安全与秩序，及时制止违规行为。②合理布置安全配套设施。根据游人活动区域，合理分布警示标识、紧急报警装置、紧急避险装置、无死角监控设备、智慧监测报警系统、夜间照明设施等。③定期进行安全检修。对安全配套设施、公共活动设施、安全围栏、桥梁等设施进行定期检修，配合智能监控设备实时监测设施状态，确保设施不存在安全隐患，功能正常。④增强公众安全防范意识。通过宣传栏、宣讲课堂、公众号等对公众进行安全知识和技能普及，提高公众的安全意识和防范能力。

（3）智慧管理

引入智慧设备，组建专业团队，结合公众反馈，制定线上线下联动的评估反馈机制。对开放共享场地内各类设施的现状情况进行实时分析，及时制止违规行为。对废旧设施进行及时更新与维修处理。提升工作效率，加强设施服务衔接能力。如甲板科技在京张铁路遗址公园引入AI赋能的多功能哨兵系统，服务多项管理领域，包括人行道骑车警告、翻越围栏、人员聚集与人流量统计、垃圾识别等，不仅提升了公园管理效率，也提升了公园服务的智能化程度，实现了电子执法与人工执法的有效结合。

（4）多元运营

采用多样化的运营途径，在提升游客参与度的同时增加公园的收入。具体表现为：

植入轻度商业活动　如设立小型零售点，销售公园特色纪念品、零食和饮料，设立特色餐厅或小吃摊，提供健康、美味的餐饮选择，满足游客的用餐需求。这些零售点与餐厅、小吃摊的设计应与公园环境相融合，避免过度商业化。

出租公园内的场地和设施　可以对公园内的场地和设施进行适度出租，如草坪、会议室、舞台等，为社区活动、企业团建等提供场地支持；允许商家在公园内举办促销活动，如市集、车展等，但需确保活动内容与公园文化相协调。

寻求赞助、建立合作关系　主动联系企业、品牌等，寻求对公园活动、设施改善等方面的赞助。为赞助商提供在公园内展示其品牌和产品的机会，如设置广告牌、提供宣传材料等。联系旅行社、酒店，与旅行社、酒店等旅游相关企业建立合作关系，共同推广公园旅游资源。还可以与其他公园、景区等建立互惠互利的合作关系，实现资源共享、客源互通。

4.1.2.2　受众等多方力量共建共治共享

公园活动的策划应当注重受众体验、兴趣和需求，提供优质的参与体验，加强互动与沟通，并关注受众的安全与舒适。一方面，与政府、企业、非营利组织和社区组织合作，共同推进公园的绿色发展项目，拓宽资金和资源的来源；另一方面，充分发挥人民群众的权利主体地位，促进多方力量共建共治共享。共建共知共享具体可表现为联合共建、多元共营两方面。

（1）联合共建

及时了解公众需求　开展实地调查、公众访谈及问卷调查，了解公众使用需求，及时召开说明会，宣传开放共享空间营造方式，推动公众意见达成共识。

搭建专业部门联动平台　搭建多方交流平台，建立工作坊、工作站等技术服务平台，同步各部门要求及相关政策支持。学习成功案例，选择合适的筹资渠道开发建设。

公众协助方案规划　及时公开共享方案，开通建议热线，听取公众意见，拟定共享空间公约，推动方案落地。

（2）多元共营

政府、企业、社会组织、社区及市民等多元主体共同参与城市空间治理，形成多层次、多渠道的治理体系。各主体在平等的基础上进行协商合作，共同制定和实施规划建设和运营管理，实现信息共享、资源整合和利益共赢。社会参与开放共享空间共治强调决策过程和结果应当开放透明，保障公众的知情权、参与权和监督权。通过不断收集反馈、调整优化，实现城市空间的可持续发展。

社区　通过自我组织、自我管理和自我服务的方式，共同管理、维护和使用开放共享空间。通过宣传栏、社区会议、网络平台等多种渠道，向居民普及开放共享空间的意义、价值和使用方法，提高居民的自我管理意识和能力。这种管理方式强调居民的主体地位和参与意识，有助于促进社区自治和增强社区凝聚力。

市民　采用自觉维护的方式参与。如社区组织投票选拔“市民园长”，成立“公园议事会”，组织市民讨论开放共享空间维护方向，向市民公开相关事宜，在微信公众号发布开放共享空间详情、配套服务、管理维护等内容，搭建管理方与市民日常互动的交流平台，收集使用评价与留言反馈，为改善和提升开放共享空间品质提供参考；激发公众参与，带动市民自觉维护园容园貌等。

通过这些方式，可以建立一个更加开放、共享、绿色和低碳的城市公园系统，促进城市的可持续发展和居民的生活质量。同时，也需要不同角度的参与者之间建立良好的合作机制，为实现绿色公园的目标而共同努力。

4.2　公园承载力评估与轮换制养护

保证公园绿地质量稳定是城市居民充分亲近大自然的前提，是公园绿地开放共享可持续发展的必然要求。为保证绿地容量合理、绿地质量稳定，应在公园运营管理时充分对其承载力进行评估，以确保游人数量适宜。在周边人口密度高、现有绿地承载力不足的区域，应考虑适当增加绿地空间，建设更多开放共享的公园绿地。对于已建成的公园，应进行绿地轮换制养护，以保证绿地质量稳定，在满足游人需求的同时发挥好绿地本身的生态功能。

4.2.1　绿地承载力评估方法

城市公园绿地是连通市民的生活与工作的空间，具有开放性和公众性。公园绿地所能承受的游人规模与强度对于公园的建设与发展具有重要参考价值。因此，科学核定绿地的承载量，如客观评估场地游客承载力、植物特性、生长适宜度和游客服务保障能力等，对于构建公园开放共享可持续具有重要意义。

从低碳角度出发的绿地承载力应从两个方面评估：一是从公园容量角度出发，计算合理的游人容量；二是对绿地的耐践踏水平进行评估，以保证绿地景观结构的稳定性与美观度。

4.2.1.1　游人容量

游人容量是指在保持景观稳定性、保障游人游赏质量和舒适安全，以及合理利用资源的限度内，单位时间、一定规划单元内所能容纳的游人数量。它是限制某时、某地游人过量集聚的警戒值，也是一个涉及生态、社会心理、功能技术等诸多方面的风景区管理手段。公园游人容量可以按照传统的规范进行设计：

《公园设计规范》（GB 51192—2021）规定，公园设计应确定游人容量，作为计算各种设施的规模、数量以及进行公园管理的依据。公园游人容量应按下式计算：

$$C=(A_1/Am_1)+C_1 \tag{4-1}$$

式中　C——公园游人容量（人）；

A_1——公园陆地面积（m^2）；

Am_1—— 人均占有公园陆地面积（m^2/人）；

C_1——公园开展水上活动的水域游人容量（人）。

人均占有公园陆地面积指标应符合表4-1规定的数值。

表 4-1　公园游人人均占有公园陆地面积指标　　m^2/ 人

公园类型	人均占有陆地面积	公园类型	人均占有陆地面积
综合公园	30~60	社区公园	20~30
专类公园	20~30	游　园	30~60

注：人均占有公园陆地面积指标的上下限取值应根据公园区位、周边地区人口密度等实际情况确定。

公园有开展游憩活动的水域时，水域游人容量宜按（150~250）m^2/人进行计算。

规范中规定：市、区级公园游客人均占有面积以60m^2为宜，游客人均占有公园的陆地面积最低不低于 15m^2。风景名胜区公园游客人均占有面积宜大于100mm^2。水面和坡度大于50%的陡坡山地面积之和超过总面积的 50%的公园，游客人均占有公园面积应适当增加。

在城市公园绿地开放共享的背景下，原有的绿地封闭区域将打开，从而吸纳更多的游人，即开放共享公园所能承载的游人容量较传统围墙式公园会迎来进一步的增加。在公园整体面积不扩大的情况下，人均占有公园陆地面积会减少。因此，人均占有公园陆地面积指标的数值应在表4-1的基础上进行缩减，从而更加符合新时代的新要求。

4.2.1.2 下垫面耐践踏能力

不同下垫面的耐践踏能力存在明显差异。公园中硬质铺装与草坪绿地的人流承载能力受到不同因素的影响，包括材料的物理特性、地面处理、使用频率以及维护管理等。

草坪绿地的承载能力相对较低。过度践踏会损伤草坪表层和根系，影响草坪的健康和恢复能力。草坪的耐践踏能力一定程度上代表了草坪的承载力，这一能力的强弱与多个因素有关，包括草的种类、建设技术、草坪管理制度等。不同种类的草具有不同的生态特性，部分草种具有较强的恢复能力和耐践踏性。不同的建设技术，如土壤准备和草种播种方法，也对草坪的耐践踏性产生影响。此外，有效的草坪管理制度，包括定期的修剪、施肥和灌溉，也可以增强草坪的耐践踏性，并对整体健康状况进行改善。

计算绿地的耐践踏能力和游人承载量需要考虑多种因素，包括草坪的物理特性、植被类型、土壤条件、使用频率以及管理和维护措施。虽然在没有具体数据、没有简单公式的情况下，很难准确预测一个开放草坪可以承担的游人数量，或直接明确地计算草坪的耐践踏能力和游人承载量，但可以通过评估上述因素并结合历史使用数据、草坪恢复时间和预期活动类型来估算。除此之外，以下几个角度也对草坪承载力产生一定影响，可以纳入参考，有助于更科学地评估。

草坪植被的耐践踏能力 不同种类的草具有不同的耐践踏能力。一些草种如高羊茅（*Festuca arundinacea*）和野牛草（*Buchloe dactyloides*）因其强健的生长习性和较快的恢复能力而被认为具有较好的耐践踏性。

土壤条件 良好的土壤排水性能有助于提高草坪的耐践踏能力，因为水分过多会导致草坪根系缺氧和土壤结构破坏。

管理和维护措施 定期的草坪维护，如合理的修剪、施肥和灌溉，可以增强草坪的耐践踏能力。另外，适时的空心穿刺和覆沙等措施有助于改善土壤结构和草坪健康。

使用频率和模式 草坪的耐践踏能力也与使用频率和模式有关。过度集中的践踏会导致草坪损伤加剧。因此，通过引导游人分散活动区域和路径，可以减少对特定区域的草坪损伤压力。

在实际操作中，可能需要根据草坪的实际情况和管理目标进行动态调整和管理，以实现草坪资源的可持续利用和保护。

绿地开放共享后，理论上游人容量会有一定量的增加。因此这更需要公园的设计者、管理者，通过综合管理和设计措施，来提高绿地的游人承载能力。总的来说，提高开放共享背景下公园绿地的承载力需要综合考虑植被、土壤、设计引导和游客管理等多方面因素，通过科学管理和持续维护，确保绿地资源的可持续利用。

4.2.2 绿地轮换制养护方法

2023年，住房和城乡建设部公布的数据显示，全国新建和改造提升城市绿地约

3.1万hm^2，开工建设“口袋公园”3980个，建设绿道5033km；全国846个市县、6174个城市公园开展绿地开放共享试点，让人民群众能够共享绿地空间。

公园绿地开放共享满足了群众亲近自然的需求，但也带来了过度践踏等问题。为实现公园绿地开放共享的可持续发展，住房和城乡建设部强调，开放用于游憩活动的草坪区域要根据植物生长周期和特性，推广地块轮换养护管理等制度，避免植被被过度践踏影响正常生长。

绿地轮换制养护方法是一种针对城市共享绿地的、综合考虑绿地养护和市民使用需求养护策略，它通过合理的轮换和养护措施，在保持绿地环境的整洁、植物的健康以及设施的完好的同时，实现可持续发展。

4.2.2.1 实行绿地轮换制养护方法的必要性

城市公园绿地的开放共享是提升城市居民生活质量和增进社区福祉的重要措施。然而，绿地的大量使用也将导致草坪的损伤，这就需要采用合理的管理和养护措施来维持其生态功能和美观价值。实行草坪轮换制养护制成为一种必要的策略，主要原因如下。

（1）生态恢复和保护

促进自然恢复 草坪在经历一段时间的使用后，需要恢复期以促进草本植物和其他植被的自然再生，维持健康的生态系统。轮换制养护为草坪提供了必要的“休息期”，使得草地能够修复受损部分，恢复生长，维持健康状态。

保持生物多样性 轮换制养护有助于保持和增加生物多样性，因为不同区域的植被在不同时间得到恢复和成长，为多种生物提供栖息地。

减缓磨损压力 城市公园和绿地通常面临着高强度的践踏和使用压力，特别是在晴好天气和节假日期间。草坪轮换制养护制通过分区域轮流开放使用，可以有效减缓特定区域的磨损压力，保护草坪免受过度损害。

提高生态质量 草坪和绿地是城市生态系统的重要组成部分，对于提高空气质量、调节城市温度和维持生物多样性等方面发挥着重要作用。通过实施轮换制养护，可以更好地维护这些区域的生态功能。

提高土壤健康 轮换制养护通过交替休息和使用不同区域的绿地，有助于减少土壤压实，从而改善土壤的透气性和水分保持能力。这样做可以促进土壤有益微生物活动，为草坪和其他植被提供更好的生长环境。

病虫害管理 定期轮换养护区域可以帮助减少病虫害的发生。某些病虫害在特定的环境条件下才能生存和繁殖，通过改变它们的生长环境，可以自然减少这些有害生物的数量，从而减少对化学农药的依赖。

（2）保持绿地质量和美观

减少人为损害 通过限制对某些区域的访问，减少践踏和其他人类活动对草坪和植被的损害，有助于保持绿地的整体美观和健康。

减少对访客的影响 通过轮换制养护作业，可以在游客较少的时段对某些区域进

行维护，从而最小化对公众使用的干扰。这种策略有助于维持公园的开放和游客的满意度，同时确保养护工作的顺利进行。

提高公园美观和使用价值　轮换制养护还能保证公园各个区域轮流展现其最佳状态，从而整体提升公园的美观和使用价值。通过计划性的养护，每个区域都能在不同时间达到其景观高峰，吸引更多的访客。

提高休闲空间的质量　通过轮换不同区域的使用，可以确保所有绿地都有时间恢复和再生，这意味着公众可以享受到更加健康和美观的户外空间。这对于提升城市居民的生活质量尤为重要。

（3）提高使用效率和满意度

平衡休闲与保护　城市公园绿地的目的在于为公众提供开放空间，同时也要确保这些绿地的长期可持续性。轮换制养护是实现开放共享与生态保护双重目标的有效途径，它帮助平衡公众使用需求与环境保护的要求。轮换制度有助于平衡绿地的保护需求与公众的休闲使用需求，确保绿地可以持续提供高质量的服务。

（4）长期可持续性

减轻管理压力　通过实施轮换制养护，可以更有效地分配资源和公园管理精力，避免因过度使用而导致的昂贵修复成本。

增强绿地服务功能　保持绿地的健康和多功能性，如改善城市气候、提供生态服务（雨水管理和空气净化等）、增加游憩休闲和教育价值。

（5）教育和社区参与

提高公众意识　轮换制养护也是一种教育工具，可以提升公众对环境保护、生态恢复和可持续管理的意识。

促进社区参与　实施草坪轮换养护还可以作为一种公众教育和参与的机会。通过向公众解释轮换制度的目的和好处，可以提高公众对城市绿地重要性的认识，并鼓励他们参与绿地保护和养护的实践。通过邀请社区成员参与绿地的轮换制管理和保护活动，增强社区的凝聚力和对公共绿地的责任感。

总之，实行草坪轮换养护制对于确保城市公园绿地的健康、美观及其生态功能的长期维持至关重要。绿地轮换制养护是一种综合性管理策略，不仅有助于绿地的生态恢复和维护，还能提高其社会和经济价值，确保城市绿地资源的长期可持续利用。这不仅有助于提升城市的生态质量和居民的生活质量，而且还能增进社区的凝聚力和公众对环境保护的认识。

4.2.2.2　绿地轮换制养护方法的具体内容

针对绿地的具体养护措施，如草坪的修剪、施肥和灌溉等也是绿地养护方法的重要组成部分，垫土和滚压、杂草防除以及病虫害防治在绿地养护中也至关重要。这些措施有助于保持草坪等绿地的健康和美观，提高绿地的整体品质。

①选择耐践踏的草种　选择适合当地气候且具有高耐践踏能力的草种，能够更好地承受频繁的人类活动。张静等（2010）研究表明，羊茅属草坪草、野牛草、扁穗冰

草、丛生毛草在草坪低养护方面有明显的优势，并且具有较为成熟的管理经验，运用此类草种可更好地提高草坪的承载力。

②选用冷暖季型草种混播　采用抗逆性较强、耐践踏、承载力较高的冷暖季型草坪品种，保证草坪绿色期，满足各类草坪活动的需求。以《苏州市城市公园绿地开放共享技术指引》推荐的暖季型草种为马尼拉草、百慕大草、结缕草，冷季型草种为黑麦草、剪股颖、早熟禾。

③改良土壤　提高土壤的结构和透气性可以促进草坪根系发展，增加其耐踏踩能力。使用有机质如堆肥和沙子混合物改良土壤，可以改善土壤结构和排水性。

④使用草坪保护网　在草坪表面铺设草坪保护网（如塑料网或其他可持续材料制成的网）可以保护草皮不被直接践踏，减少损伤。

⑤建立临时人行道　在活动高峰期间，建立临时人行道或木板路，引导游客行走，减少对草坪的直接践踏。

⑥设置人流控制措施　通过围栏、指示标识和人流导向措施，合理引导人流，避免草坪被过度践踏。

⑦及时修剪维护　修剪后的草坪会变得更加平整、美观，能够满足人们对环境的审美需求。同时适当的修剪能够促进草坪的健康生长，如抑制草坪的生殖生长、促进分枝、提高草坪质地和密度等。还可以剪掉杂草的生长点，防止杂草生长、减少对草坪的侵扰。值得一提的是，不同草种对于修剪也有着不同的要求，各地应因地制宜地制定适用于当前公园绿地的修剪管理制度。一般而言，冷季型草坪在早春返青后开始旺盛生长，可在4月进行第一次修剪，达到统一新草生长高度的目的；4~6月为正常生长期，可结合实际生长情况5~8d进行一次修剪。夏季冷季型草坪生长减慢，可降低修剪频次，7~10d修剪一次，夏季修剪尤其注意及时清理杂物、保持洁净；秋季9~11月上旬适宜冷季型草生长，依照草坪生长态势及时进行修剪，一般5~8d进行一次修剪。冬季及时清理坪内杂物即可。

⑧合理施肥　施肥可有效满足草坪草的生长发育所需的营养成分，使其保持良好的色泽和茂密程度，而且能够及时弥补修剪草坪造成的养分流失，提升其自身的抵抗能力，减少病虫害的侵扰。根据草坪类型的不同，施肥方法应按照暖季型和冷季型草坪的特点进行适当调整。在暖季型草坪施肥时，由于空气温度较高，施肥量应适当减少，否则会导致草坪草的生长速度过快而消耗掉自身的养分。因此，春季应少量施肥，这样可以保障草坪内部的碳水化合物和营养成分始终保持平衡。在冷季型草坪施肥过程中，由于气温逐渐下降，草坪根系的生长温度也随之下降，致使草坪草的生长速度减慢直到停止生长。为此，绿化工作人员应多施用复合肥，为根系生长积蓄足够的养料，以备来年的快速繁殖。

⑨优化灌溉系统　结合当地气候条件对灌溉系统进行因地制宜地调整与优化，确保草坪获得适量的水分，既不过湿也不干旱，以促进健康生长并增强其抵抗力。

在休养维护方面，参照各地指南，整体上可将休养维护归纳为养护方式、开放标准、草坪休养轮换方式3个方面。

(1)养护方式

①日常养护 草坪日常管养维护包括修剪、除杂草、水肥管理、疏根、播撒补植。草坪草高度长到60~70mm时应进行修剪，修剪后高度冷季型草坪宜为50mm，暖季型草坪宜为40mm。灌溉必须湿透根系层，浸湿土层深度至少为100mm，不发生地面长时间积水现象。施肥需均匀，冷季型施肥宜在春季和秋季，暖季型施肥宜在春末夏初。疏根频次根据草坪土壤情况而定，超大型活动后应立即疏根养护。草坪修剪、浇水约12h后可上人；施肥、疏根约3d后可上人；日常补植约2周后可上人；除草即除即上。

②封闭休养 达到草坪封闭休养标准时应进行整体封闭休养，清除杂草、疏松土壤、浇水施肥、补铺草皮，待30d后便可重新开放。

(2)开放标准

草坪开放标准为：草坪长势良好，叶片挺立饱满，颜色为深绿；覆盖率良好，肉眼不可见土或草皮拼接缝（覆盖率95%以上）；扎根牢固，边缘处徒手轻易不能拔起。

(3)草坪休养轮换方式

①开放共享场地内的分区休养轮换 场地面积较大、开放共享场地类型较为丰富的区域，可以在场地内根据活动需求设置2~3处面积相近、功能相近的活动场地；根据场地内植被的生长情况进行休养轮换。

②不同共享场地之间的休养轮换 场地本身面积较小，则需要联合周边 2~3处其他小型绿地，进行合理的活动安排，在保证草坪充分轮换休养的情况下，确保公众活动需求得到满足。

通过以上措施的综合应用，可以有效增加草坪的承载力，保持公园绿地的稳定和美观，即使在人流密集的情况下。这些方法不仅适用于新建的草坪，也适用于已有草坪的改善和维护。

除了草坪养护外，花境养护、林下空间养护等也应纳入开放绿地的管理范畴内。

4.2.2.3 我国关于绿地轮换制养护方法的初步尝试

推动城市公园绿地开放共享试点是2023年全国住房和城乡建设工作会议部署的一项重点工作，是满足人民群众亲近自然、休闲游憩、运动健身新需求、新期待的重要举措。在美丽中国、生态文明建设的大背景下，推动建成城市公园绿地开放共享、构建新型公园运营体系刻不容缓。

①轮换养护管理实践探索

——山东省提出，开放用于游憩活动的草坪区域可推广地块轮换养护管理等制度、开放共享区域禁止使用明火等措施，在保证游客亲近大自然的同时，最大程度保护草坪。

——安徽省合肥市逍遥津公园、杏花公园、庐州公园、绿洲公园等公园将草坪分为开放式草坪、观赏性草坪两类，对草坪实行分区域养护管理，错时开放，尽可能扩大开放式草坪占比，并结合实际划定可搭建帐篷区域。对开放性草坪，规定开放共享的注意事项，禁止宠物入园，禁止在草坪上跳广场舞、宿营、燃放烟花爆竹等；对观赏性草坪，则采取巡查制止、文明劝导、安装固定式围栏等措施保护草坪绿地，严禁游客践踏，保障观赏性。

——浙江省温州市优化城市绿地开放区多元服务，推广地块轮换养护管理等制度，避免植被被过度践踏影响正常生长，推动形成“人人参与、共享共治”格局。

——湖北省宜昌市明确要求，在开放露营点位的同时，管理单位应明确开放区域草坪的轮休表。

——广东省广州市珠江公园为了加强草坪养护管理，将帐篷试点区的草坪分为南、北两个区域，以半个月为周期，对草坪进行轮流养护、轮流开放。

②轮换养护管理相关政策

——江苏省宿迁市制定《宿迁市开放共享草坪轮换制养护管理工作指引》，明确每个试点公园宜划定开放草坪区域不少于2个，实行交叉循环的轮换制方式进行养护，保证每个试点公园至少有一块草坪区域可供开放。对公园绿地草坪实行分区域、分时段开放，根据草坪生长特性和季节气候因素，明确开放共享期、封闭维修期、封闭养护期等各个阶段养护管理要求。

——湖北省天门市出台《天门市城市公园绿地开放共享试点工作实施方案》，强调要加强日常管理，实行轮换养护。根据植物生长周期和特性，建立绿地开放养护轮换管理机制，避免植被被过度践踏影响正常生长。市园林所各公园管理中心需明确试点区域草坪轮休表，分片区“轮换”开放绿地：结合植被更新、草坪返青及周边市民户外活动需求，有计划分片区开展养护维修，确保试点区域有足够的活动空间。同时，在绿地内设置开放共享区域导引牌、现场告示牌、草坪“轮休”期等标识，在绿地养护期间或因特殊情况需临时关闭开放区域的，提前在园区和媒体做好公示，引导市民按需选择地点。在草种补充选用方面，引种狗牙根、马尼拉等耐践踏草籽进行补植。

——江苏省淮安市制定《淮安市开放共享草坪轮换制养护管理工作指南》，要求在公园绿地精细化管理的基础上、在兼顾游客需求和草坪生长的情况下，探索建立开放共享公园绿地草坪轮换养护制度。将公园绿地划定为3个区间，分别是开放共享期、封闭维护期、封闭养护期，实行交叉轮换养护。同时，拓展林下空间，增设林下休闲健身、读书、康养等多功能设施，增播油菜花、二月蓝、波斯菊等自衍花卉，打造具有观赏植物、文化特色、休闲娱乐的林下景观，为市民提供更好的户外游憩公共城市空间。

绿地轮换制养护方法具有明显适地性。各地应结合本地域自然条件、气候特征、绿地状态，制定相关的政策方针。可以预见，通过合理确定开放共享区域、逐步探索建立轮换制养护等管理机制，由各城市及省、由省及国、以点及面，可以不断推动城市公园绿地开放共享，从而实现美丽中国、生态文明建设背景下公园开放共享与绿色低碳生活的新目标。

4.3 公园绿地价值精准核算技术

4.3.1 生态产品价值实现政策解读

4.3.1.1 生态产品定义

2010年《全国主体功能区规划》中首次提出“生态产品”概念：“人类需求既包括对农产品、工业品和服务产品的需求，也包括对清新空气、清洁水源、宜人气候等生态产品的需求。”基于此，学者们从不同视角对生态产品的概念进行阐释。例如，曾贤刚等（2014）认为，生态产品是指包括洁净的空气、洁净的水源、无污染的土壤、茂盛的森林和适宜的气候等在内的自然要素，其功能包括调节功能、生态保障等。董玮等认为，生态产品主要是在规定的空间范围内，通过对自然资源的有效利用和生态系统的作用而呈现出的优质自然要素，结合实际，主要体现在森林、草地及海洋等环境中。黄如良（2015）则将人类劳动考虑其中，认为生态产品应包括人类参与设计的环境保护产品和服务；刘江宜和牟德刚（2020）认为，生态产品是生态系统在生态与人类劳动的参与下生产的自然要素或产品；李宏伟等（2020）进一步从生态产品生态属性视角指出其是以生态系统功能为基础并引入人类劳动所产生的产品，从其经济属性指出生态产品是人类对自然产品进一步修复改良的经营性产品；廖茂林等（2021）认为生态产品是与物质产品、精神产品并列的具有供给属性、消费属性的最终产品。在此基础上，学者们将生态产品定义为其本身是自然的产物或组成部分，能够丰富生态资源并促进生态和谐，维持人们生命和健康需要的自然要素或产品。随着生态文明建设的逐步推进，学者们对生态产品的内涵进行了拓展，认为生态产品既包含自然界给予的生命支持系统、气候调节系统以及满足人类需求的自然要素，又包含对传统的物质生产模式的加工与改良。

生态产品可归为4种类别：①自然要素产品，如清新的空气、干净的水、宜人的气候等，以及系统功能；②自然属性产品，如各种野生动植物及其产品；③依赖自然要素和自然属性的生态衍生品，如人工林、林下中草药、自然放养的禽畜养殖等；④生态标识产品，通过生态中性认证的产品。

4.3.1.2 我国生态产品制度的发展历程

我国在生态产品价值实现的研究上起步相对滞后，但发展速度迅猛且研究范围广泛。生态产品价值实现的相关制度历经了不断的优化与改进，且其概念的演进与相关制度的构建在时间维度上相互交织，无法完全分割。因此，下文拟将我国生态产品实现制度的发展历程分为以下3个主要阶段：制度初探阶段、正式建立阶段以及优化与完善阶段。

①制度初探阶段（2010—2015年） 这一阶段我国致力于对生态产品概念的深入认

知、精准界定与全面规范。2010年，首次出现“生态产品”的概念，着重强调了生态产品所承载的生态系统调节功能。随后，在2012年党的十八大报告中，强调了增强生态产品生产能力的重要性，这标志着对生态产品价值的进一步认同。2015年，“十三五”规划明确提出，要为人民提供更多优质的生态产品，从而凸显了生态产品在社会经济发展中的不可或缺地位。这一系列政策文件的出台，不仅彰显了我国对于生态产品价值的重视，也为其后续的制度建设和价值实现奠定了坚实基础。

②正式建立阶段（2016—2021年） 在这一阶段，我国积极投身于生态产品供给与交易机制的深入探索与构建之中。首先，生态产品的两大核心供给模式——生态补偿与市场化交易，在2016年国家“十三五”生态保护纲要中得到了清晰界定，同时，这一方针与2018年习近平总书记在长江经济带发展座谈会上的重要指示高度契合。随后，中共中央、国务院于2017年颁布的《关于完善主体功能区战略和制度的若干意见》中，明确提出了在浙江、江西、贵州、青海四省开展生态产品价值实现机制的试点工作，这一举措标志着我国在生态产品价值实现道路上迈出了坚实的一步。同年，党的十九大报告进一步强调，为满足人民群众对优质生态产品的迫切需求，国家明确了生态产品供给的宏伟目标。2021年4月，中共中央办公厅、国务院办公厅联合印发的《关于建立健全生态产品价值实现机制的意见》，更是标志着我国在生态产品价值实现机制建设上取得了里程碑式的进展。这是我国首个最高层级的关于生态产品价值实现机制的专项文件，对于推动生态产品价值实现机制的建立健全，具有里程碑式的意义。

③优化与完善阶段（2022年至今） 这一阶段我国不断探索和完善相关机制，推动机制协调，统筹地区协同，整体有序推动生态产品价值实现。2023年9月8日召开的全国政协远程协商会围绕“推动建立生态产品价值实现机制”进行了深入讨论。会议提出，应进一步完善生态产品总值的核算规则与方法，增强科技支撑能力，加强系统治理和风险防控机制，并加大生态保护修复与补偿的力度。同时，要建立健全生态产品保护、利用、流通、价值转化与交易的政策保障体系，提升绿色金融服务能力，加快推进产业生态化和生态产业化进程。此外，还需强化优质生态产品的供给，丰富和拓展生态富民惠民举措，以更好地推动共同富裕的实现。

4.3.1.3 生态产品的价值评估

生态产品的价值评估是实现生态产品价值的基础工作，对生态产品的价值进行评估主要包括以下3个部分：

①明确生态产品类型 主要从生态产品的评估目的、成本与收益两方面考虑。

②确定生态产品的评估框架结构和指标体系 目前评估生态产品价值的框架主要有单向指标框架、多维支柱框架、间接驱动力—直接驱动力—生态产品—人类福祉变化（IDEHC）框架、目标—指数—联系框架、压力—状态—响应（PSR）框架、驱动力—压力—状态—影响（DPSIR）框架、问题领域框架、分部门框架和空间分维框架。鉴于目前我国生态产品中公共产品的占比较大，构建评估指标时，必须确保公众的广

泛参与。同时，由于生态产品在供给、调节、文化支持等多维度展现出的复杂服务特性，评估指标的设定需体现多层次、可扩展与开放性，以确保指标的动态适应性。在此基础上，依据所构建的评估框架与指标体系，再采用多元化的方法，对各项指标的具体表现进行细致评价。

③确定生态产品评估的方法　目前，生态产品价值评估的方法可根据生态产品的市场化程度归纳为3个类别。首先，对于高度市场化的生态产品，倾向于采用直接市场法，这是一种基于市场交易价格来量化生态产品价值的方法。此方法直接映射了市场的供需动态，具有较高的准确性，如生产率变动法、人力资本法、机会成本法等。其次，对于准市场化或半市场化的生态产品，由于市场信号相对较弱，需要借助替代市场法或间接市场法进行评估，如旅行成本法、防护费用法等。最后，对于市场化水平较低甚至尚未发挥经济职能的生态产品，则运用意愿调查法。此方法主要通过调研被调查者的支付意愿来收集数据，包括投标博弈法、权衡博弈法等。值得注意的是，由于市场本身的调节机制在一定程度上反映了市场的供需关系，因此在大多数情况下，直接市场法更为可靠。然而，鉴于生态产品所特有的外部性和价值多维性，替代市场法和意愿调查法在实际应用中具有广泛的适用性。

4.3.1.4　生态产品的价值实现

（1）典型模式

根据2023年9月自然资源部办公厅印发的《生态产品价值实现典型案例》（第四批）的通知，生态产品价值实现可以细分为以下11种典型模式：纵向生态保护补偿、横向生态保护补偿、生态农业、生态工业、生态旅游、湿地指标交易、碳汇交易、特许经营、全域土地综合整治及增值溢价、矿山生态修复及价值提升和公园导向型开发。

其中，公园导向型开发模式是以自然与人工结合的方式开展景观重建，提升生态系统稳定性和生态产品供给能力，再发展生态产业以实现生态产品价值。例如，北京市城市副中心以“政府主导、企业管理、公众参与”的运行模式，建设城市绿心森林公园及公共文化设施，开展特色经营，推动周边产业园区绿色低碳高质量发展。浙江省杭州市通过统一规划、统一收储、统一修复和统一开发，实现了西溪湿地有效保护和片区生态产品供给能力的提升，促进了产业优化升级。

特许经营模式是将国家公园等自然保护地中生态旅游、文化体验等经营性项目，采用授权经营等方式交给特定主体运营，通过收取特许经营费、按比例分红等方式实现自然保护地生态产品的价值。例如，福建省南平市对武夷山国家公园内的漂流、观光车、竹筏等旅游项目开展特许经营，拓展自然资源的多重价值。

生态农业模式主要是依托独特的自然禀赋，采取人放天养、自繁自养等原生态或生态友好型种养方式生产农副产品，并通过市场交易实现溢价增值。

生态旅游模式主要是依托优美自然风光、历史文化遗存，在最大限度减少人为扰动的前提下，融合发展旅游、康养、休闲、文化等产业，通过旅游者消费、购买产品等方式实现生态价值。

湿地指标交易模式以“美国湿地缓解银行”为典型代表，美国政府通过法律明确湿地资源“零净损失”的管理目标和严格的湿地占用补偿机制，产生了湿地及其生态产品的交易需求，形成由第三方建设湿地，再出售给湿地占用方的交易市场，促进了湿地的保护和合理开发利用。

碳汇交易的核心在于将生态系统“吸收与储存二氧化碳”的能力转化为一种具有经济价值的生态产品。这一过程通过碳排放权配额管理、自愿碳交易和碳市场交易等多种机制得以实现，旨在最大化森林、海洋等碳汇资源的价值，从而有效推动碳达峰和碳中和目标的实现。这种交易方式不仅有助于环境保护，还为碳减排活动提供了经济激励，可以促进低碳经济的持续发展。

（2）主要路径

生态产品价值实现的主要路径可以概括为生态产品经营开发和生态产品保护补偿两大类，对应了市场化和政府主导两方面，其中生态产品经营开发又包含了发展生态产业和开展生态资源权益市场交易两种实现方式。

一是通过经营开发生态产品获取收益。应立足自然生态禀赋，充分发挥市场在资源配置中的决定性作用，促进产业与生态“共生”发展，提升生态产品产业链、价值链。包括人放天养、自繁自养等原生态种养模式、生态产品精深加工模式、适度发展环境敏感型产业模式、旅游与康养休闲融合发展的生态旅游模式以及盘活废弃矿山、工业遗址、古旧村落等存量资源的开发模式等。二是通过生态资源权益市场交易生态产品。按照使用者付费的原则，社会主体需为消耗自然资源、破坏生态环境的行为“买单”，进而形成林权、水权、草权等自然资源的使用权和经营权以及排污权、碳排放权、用能权等生态资源使用权的交易市场。三是通过生态补偿的形式购买生态产品。由于生态产品具有公共物品属性，需要政府代表全社会购买生态产品，以中央向地方的转移支付和地区间、流域上下游横向生态补偿等形式为主。

其中，对于公园绿地来说，特许经营和文化教育是应用较广的两种路径。特许经营包括服务设施、生态体验、商品销售、文体活动、能源开发等方面。例如，在公园内生产绿色农产品、手工业品进行销售，提高周边居民收入，体现生态产品的价值。文化教育路径主要包括自然文化教育、科普教育、研学旅行、传统文化教育等形式，要充分利用当地的文化资源，采用考察路线、实物展示、博物馆、长廊展示、标牌、线上、线下等方式推动公园的文化教育，扩大受众群体，提高公园知名度，创建品牌，吸引观众。

4.3.2 北京市生态产品相关标准解读

4.3.2.1 政策背景

（1）《生态产品总值核算技术规范》

“绿水青山就是金山银山”，习近平总书记提出的这一重要发展理念已成全社会共识，也是推进现代化建设的重大原则。2021年4月，中央办公厅、国务院办公厅在《关于建立健全生态产品价值实现机制的意见》中提出："到2025年，生态产品价值实现的制度框架初步形成，生态优势转化为经济优势的能力明显增强。"与绿色发展相伴随的生态系统生产总值（GEP）核算制度体系应运而生。2022年底至2023年初，北京市连续出台了《关于北京市生态产品价值实现机制的全面构建策略》以及《新时代下生态涵养区生态维护与绿色发展的高质量推动规划》，这两大政策文件的主要目标在于完善生态产品价值转化机制，并促进生态涵养区的全面发展。这两项政策的实施，为北京市在"绿水青山就是金山银山"理念下探索生态价值与经济价值融合转化提供了崭新的路径，一幅以GEP为核心指引，面向未来、聚焦生态维护与绿色发展的宏伟蓝图正逐步呈现。2023年4月，为落实《北京市生态涵养区生态保护和绿色发展条例》和北京市《关于建立健全生态产品价值实现机制的意见》相关要求，促进首都生态产品价值实现，持续提高生态系统质量和稳定性，建立北京市生态产品价值评价体系，推进生态产品价值核算标准化，北京市地方标准《生态产品总值核算技术规范》实施。该文件适用于各行政区域及重要生态空间的生态产品总值核算，以及与生态产品总值内涵相同的生态系统服务价值核算、生态系统生产总值核算等工作。

（2）《北京市特定地域单元生态产品价值（VEP）核算及应用指南（试行）》

2021年4月，国务院印发《关于建立健全生态产品价值实现机制的意见》明确提出要针对生态产品价值实现的不同路径，探索构建行政区域单元生态产品总值和特定地域单元生态产品价值评价体系。考虑不同类型生态系统功能属性，体现生态产品数量和质量，建立覆盖各级行政区域的生态产品总值统计制度，这是我国首次提出"特定地域单元生态产品价值（VEP）评价"这一概念。2023年5月，为推动建立健全北京市生态产品价值实现机制，打通生态产品价值实现的市场化路径，简化、规范、引导相关工作开展，北京市出台了《北京市特定地域单元生态产品价值（VEP）核算及应用指南（试行）》。文件提供了VEP核算方法及公式参考，同时提出了VEP核算及应用的标准化操作流程，即确定空间范围与实施主体、编制生态产品目录清单、选定最佳空间保护结构和最优保护利用模式、开展生态产品价值核算、绿色金融支持、政策保障"六步工作法"。

（3）GEP与VEP对比

①生态系统生产总值（gross ecosystem product，GEP）是指一定区域在一定时间内，生态系统为人类提供最终产品与服务及其经济价值的总和，是一定区域生态系统为人类福祉所贡献的总货币价值。生态系统产品与服务是生态系统与生态过程为人类生存、生产与生活所提供的条件与物质资源，包括生态系统物质产品、生态系统调节服务与生态系统文化服务。

②特定地域单元生态产品价值（the value of ecosystem product in specific geographic units，VEP）核算的是某一特定地域内生态产品的市场价值，核算的重点是生态环境保护修复和生态产品合理化利用的成本以及相关生态产业经营开发未来可预期市场收益，核算结果强调精准性和地域性。主要应用于经营开发、担保信贷、权益交易等市场发挥作用的生态产品价值实现领域。

由于计算面积覆盖整个行政区域，GEP核算在核算结果的精确度及应用效率方面还有着很大的优化空间；同时，生态系统的复杂性也在一定程度降低了GEP核算的准确性。而相对于GEP而言，VEP核算的是某一特定地域内生态产品的市场价值。因此，受市场化发展需求影响，部分地区转而推动覆盖范围更小、结果应用更为精准的VEP核算。VEP核算适用于以项目为主体的生态价值评价，通过核算生态产品价值在项目期间的增量，探索人类活动对特定地域单元生态产品价值影响。

VEP与GEP所衡量的均为生态产品的价值量，与GEP相比，以项目为主体的VEP可以在更小的维度上为生态产品市场化发展提供支持。二者在核算内容、核算方法等方面均存在不同之处（表4-2）。

表 4-2　GEP 与 VEP 核算体系对比

核算体系	GEP核算体系	VEP核算体系
核算内容的表现形式	流量：一年内生态价值实现总量	增量：未来收益折现与现值的差
主　体	以地区为主体	以项目为主体
应用模式	生态补偿	生态产业开发
核算方法	直接市场法(如市场价值法、费用支出法、收益现值法等)、替代市场法(如机会成本法、重置成本法、影子价格法、旅行费用法、享乐定价法等)和模拟市场法(如条件价值法、选择实验法，群体价值法等)	剩余法、收益还原法、市场价值法等
核算步骤	《生态产品总值核算技术规范》 （1）确定核算的区域范围； （2）明确生态系统类型与分布； （3）编制生态产品目录清单； （4）确定核算模型方法与适用技术参数并收集数据资料； （5）开展生态产品功能量和价值量核算； （6）核算生态系统生产总值	北京市地方标准《北京市特定地域单元生态产品价值（VEP）核算及应用指南（试行）》 （1）确定主体范围和生态系统类型； （2）对范围内的生态产品按照物质产品、调节服务和文化服务3类整理成目录； （3）按照目录收集相应的数据后进行核算

4.3.2.2　GEP核算的具体内容

生态产品与服务的功能量，即人类直接或间接从生态系统中获取的最终产品的实物量或功能量，如木材产量、水源涵养量、污染净化量、水土保持量、防风固沙量、固碳量，以及自然景观吸引的旅游人数等。这一指标的优势在于其直观性，能够明确呈现生态产品的具体数量。然而，由于各生态产品与服务的计量单位存在差异，难以直接汇总其功能量。因此，为了更全面地衡量一个地区或国家在一定时间内的生态系统产品与服务总产出，需要引入价格机制，即将不同生态产品与服务的功能量转化为统一的货币单位。通过这一过程，可以将生态物质产品、生态调节服务以及生态文化服务的价值汇总，进而计算出生态系统生产总值（GEP）。可以用式（4-2）至式（4-5）

计算一个地区的生态系统生产总值GEP。

$$GEP = EMV + ERV + ECV \tag{4-2}$$

式中 GEP——生态系统生产总值；

EMV——生态物质产品价值；

ERV——生态调节服务产品价值；

ECV——生态文化服务产品价值。

$$EMV = \sum_{i=1}^{n} EM_i \times PM_i \tag{4-3}$$

式中 EMV——生态物质产品价值；

EM_i——第i类生态物质产品功能量；

PM_i——第i类生态物质产品的价格。

$$ERV = \sum_{j=1}^{m} ER_j \times PR_j \tag{4-4}$$

式中 ERV——生态调节服务产品价值；

ER_j——第j类生态调节服务产品功能量；

PR_j——第j类生态调节服务产品的价格。

$$ECV = \sum_{k=1}^{o} EC_k \times PC_k \tag{4-5}$$

式中 ECV——生态文化服务产品价值；

EC_k——第k类生态文化服务产品功能量；

PC_k——第k类生态文化服务产品的价格。

4.3.2.3 VEP核算的具体内容

（1）VEP的核算方法

VEP核算首先明确特定单元的地域范围，之后核算单元内生态产品总值，将结果作为生态权益所有人争取转移支付等政府性补偿的依据。核算项目开发后实现的特定地域单元生态产品价值，即未来产业开发期限内以生态系统为主要支撑的各类收益的贴现值。最后核算生态增值效应，即计算生态产品总值增量。

（2）VEP的核算步骤

VEP的核算步骤没有统一的标准，但VEP的核算步骤在一定程度上借鉴了GEP的核算步骤。先确定主体范围和生态系统类型，对范围内的生态产品按照物质产品、调节服务和文化服务3类整理成目录，按照目录收集相应的数据后进行核算。

在评估物质供给、调节服务与文化服务3种生态产品时，应遵循将生态产品融入区域综合应用的策略，对区域内的土地和各类生态产品进行整体性的综合核算。首先基于特定地域单元内各类生态产品价值实现路径和最优保护利用模式的清晰界定，选用剩余法、收益法等核算方法，对各类生态产业经营开发未来的可预期市场收益进行全面的核算。再将核算结果聚焦于生态环境为具体项目带来的市场收益增加值。这一过程遵循的核算理念可概括为以下公式：

$$V = P - P' \tag{4-6}$$

式中 V——指特定地域单元生态产品价值；

P——指特定地域单元含生态产品的待开发土地价值；

P'——指特定地域单元不含生态产品的待开发土地价值。

在实际计算中，特定地域单元生态产品价值体现为其市场价格。P的计算方式可根据不同类别生态产品的价值实现路径模式，选用收益还原法、剩余法、市场比较法、成本逼近法等适宜的核算方法测算得出。P'的计算方式可以利用市场调查和因素比较，剔除生态产品对项目利用的影响，也可用其他适宜的核算方法测算得出。物质供给、调节服务类生态产品在部分模式条件下，计算实际中不存在 P'。

①收益还原法 指在估算特定地域单元生态产品或生态产品价值实现项目未来每年预期纯收益基础上，以适当的还原率，将每年预期纯收益折算为核算期日收益总和的核算方法。其基本公式为：

$$V=\sum_{i=1}^{n}A_i(1+r)^{-i} \tag{4-7}$$

式中 V——特定地域单元生态产品价值；

A_i——第i年生态产品或生态产品价值实现项目年纯收益；

r——生态产品或生态产品价值实现项目收益还原率；

n——生态产品或生态产品价值实现项目收益期。

②剩余法 指在估算特定地域单元生态产品价值实现项目现时或完成后正常交易价格的基础上，扣除已发生或预计的正常成本和利润，以价格余额来确定含生态产品的土地价格；再通过市场调查和因素比较，剔除生态产品对项目的影响，测算出不含生态产品的土地价格；用二者差来求取生态产品价值的核算方法。其基本公式为：

$$P=A-B-C \tag{4-8}$$

式中 P——特定地域单元土地价格；

A——项目前期建设完成后总价格；

B——项目整体的利用成本；

C——项目所处行业的行业利润率。

③市场比较法 该方法主要适用于交易市场发达，有充足可比实例的地区和生态产品类型，将待估生态产品与具有替代性的、且在核算期日近期市场上交易的类似生态产品进行比较，并对类似生态产品的成交价格做适当修正，以此估算待估生态产品客观合理价格的核算方法。其基本公式为：

$$P=P_b\cdot A\cdot B\cdot C\cdot D\cdot E \tag{4-9}$$

式中 P——特定地域单元生态产品价值；

P_b——交易实例价格；

A——待估特定地域单元生态产品交易情况指数/比较实例生态产品交易情况指数；

B——待估特定地域单元生态产品估价期日生态产品价格指数/比较实例生态产品交易日期生态产品价格指数；

C——待估特定地域单元区域因素条件指数/比较实例生态区域因素条件指数；

D——待估特定地域单元个别因素条件指数/比较实例生态区域个别因素条件指数；

E——待估特定地域单元年期修正指数/比较实例年期修正指数。

4.3.2.4 北京特定地域单元价值核算（VEP）的应用

北京市以门头沟区王平镇西王平村京西古道沉浸式生态小镇项目为试点开启VEP核算，在试点运行过程中获得经验，形成《北京市特定地域单元生态产品价值（VEP）核算及应用指南（试行）》(以下简称《指南》)。《指南》提供了VEP核算方法及公式参考，明确了相关概念，提出进行特定地域单元生态产品价值核算的步骤。

北京市西王平村项目运行的过程是：①确定空间范围和实施主体，以西王平村为特定地域单元；②编制生态产品目录清单，厘清特定单元内的生态资源条件；③选定最佳空间保护结构和最优保护利用模式，政府、企业、银行协同合作，制定最优开发模式，以最小扰动为原则保护生态；④开展生态产品价值核算，根据剩余法、收益还原法、市场价值法等方法进行核算，计算生态产品在项目期间内的增值；⑤绿色金融支持，以核算结果为授信依据，获得国家开发银行北京分行的建设期贷款支持，后续可将生态资产抵押二次授信，且在额度、利率方面均获得利好性支持。根据财务测算数据，在最优开发模式下，前期该项目利润率为12.92%，投资收益率13.57%，资本金收益率9.88%。同时实现对生态效益和经济效益的双重反哺，预期项目期内集体经济获得分红近2000万。

小　结

本章围绕公园的绿色低碳生活策划与运营，从公园内绿色低碳生活的行为方式与相关运营策划内容、开放共享背景下草坪的承载力评估方法与养护方式、公园绿地价值精准核算技术的方法与相关政策3节进行了说明。在绿色低碳生活活动类型上，公众低碳环保的生活方式涉及食、行、游、教等多个方面，对居民的生活进行了良好的覆盖。在相关运营策划上，公园运营策划强调了管理运营的重要性，包括游园管理、设备设施管理、应急安全管理和智慧管理，同时提出了联合共建和多元共营的理念。此外，本章还探讨了公园承载力评估与轮换制养护的必要性，包括绿地承载力的评估方法和轮换制养护的具体内容，以实现生态恢复和保护，提升公园的使用效率和长期可持续性。最后，通过对资料的查询与实例的研究，针对公园绿地价值的精准核算技术介绍了生态产品价值的实现政策和相关核算方法，包括GEP和VEP的核算步骤和方法，旨在精准衡量和发挥公园绿地的生态产品价值，促进公园绿色低碳发展的良性循环。

思考题

1. 公园中发生的绿色低碳生活活动与其他场景下发生的生活活动有什么区别？
2. 开放共享后的公园草坪承载力应该从哪些方面进行评估？

3. 如何提高草坪的承载力？
4. 草坪轮换制养护的优缺点是什么？为什么在开放共享背景下我们要积极推广草坪轮换制养护？
5. 公园在实行草坪轮换制养护的过程中，需要注意什么？
6. GEP和VEP核算有哪些异同点？
7. 生态产品价值核算有哪些重要意义？

拓展阅读

1. 园林树木栽植养护学（第6版）. 叶要妹，包满珠. 中国林业出版社，2023.
2. 景观游憩学. 吴承照. 中国建筑工业出版社，2022.

第5章 公园开放共享典型案例

本章共汇集了10个案例，建设年代横跨1873—2022年，建设地点覆盖中国、日本、美国等国家，类型多样，包括新建项目与改造项目，尺度小至8000m^2，大至513hm^2，希望读者从规划设计运营管理多方向理解开放共享的内涵和方法。

5.1 北京市朝阳公园

项目名称　朝阳公园
项目所在地　北京市朝阳区
建成时间　2004年
项目类型　改造项目
基本情况　公园总面积288.7hm^2，其中硬质空间占比18%，草坪空间占比3%，建筑用地占比7%

5.1.1 公园概述

朝阳公园地处北京市核心地带，位于朝阳区的朝阳公园南路，是国家AAAA级旅游景区、北京市重点公园和精品公园。它不仅是一个以绿化为主的综合性休闲场所，还具备多种功能，为市民提供文化娱乐的去处。它也是北京市四环以内最大的城市公园。公园的规划总面积达到了288.7hm^2，其中水域面积占据68.2hm^2。公园的南北长度约为2.8km，东西宽度为1.5km。园内拥有多个特色区域，包括中央领导人种植的树林、将军林、世界语林、国际友谊林、广袤的森林景观、水上游览区域、南门景区、欧陆风情区以及绿草如茵的欢乐区等30余个景点（图5-1）。

公园始建于1984年11月，于2004年9月向社会实现全园开放。2008年第29届北京奥运会沙滩排球比赛在朝阳公园举办，2009年建成沙滩主题乐园，成为北京奥运场馆赛

主要草坪露营区

河岸旁露营

图 5-1　草坪露营区（张垲雪 摄）

后利用的典范。自2021年，公园免费向社会开放至今，已经形成了文化、体育、健身、休闲、生态于一体的综合性公园品牌。

近年来，在政府与公园管理处的共同努力下，朝阳公园逐渐形成了一套相对成熟的开放共享空间管理与运营机制。通过提升公园开放空间质量和服务功能，植入多元业态与活动，不仅承担了传统公园绿地的生态和娱乐功能，还被赋予更深层次的社会价值，成为城市生活的一部分，受到市民和游客的广泛欢迎。在网络媒体的宣传助力下，朝阳公园已成为周围居民乃至北京市民进行户外活动的主要场所。

近十年来，朝阳公园持续举办了涵盖文化节、音乐节、展览、体育赛事等大型活动数百场，如冰雪运动消费季、北京朝阳国际茶香文化节、国际灯光节、亮马河艺术季等，吸引大量年轻人参与其中。2024年9月26日，国内首个潮玩行业沉浸式IP主题乐园——泡泡玛特城市乐园（POPLAND）正式在北京朝阳公园开园，充分发挥了对周边区域的生态赋能、文化赋能与消费赋能作用。此外，公园还定期举办环保、援助市集等公益活动，呼吁市民关注环保和低碳生活。这些活动不仅丰富了市民的生活体验，而且提升了朝阳公园作为重要城市公园的知名度和影响力。

朝阳公园实行免费开放政策，拆除了原有的围墙，使得游客可以在草坪上自由地野餐、搭建帐篷或撑起天幕。公园内还设有游乐场，其开放性和包容性吸引了众多市民在周末前来享受休闲时光，成为市区内最受欢迎的露营场所之一。

公园内广阔的草坪为游客提供了充足露营环境。位于万人广场附近的大型草坪，南门对面、被绿树环绕的中心湖旁的开阔草坪，以及芦苇丛生的北湖区域，都是举办小型艺术展览或团队建设活动的理想场所。

园内每年举办健步走、慢跑、骑行等活动，以绿色低碳的方式，在公园体验绿色慢行，向游人宣传低碳节能的绿色生活方式。此外，公园还常举办节能减碳知识问答、闲置物品置换、绿色朝阳寄语等活动，旨在培养市民群众健康文明的生活习惯，提高节能降碳的思想意识，鼓励用实际行动践行绿色生活理念。

朝阳公园开展了一系列名为“爱绿一起”的免费生态教育体验活动，如手绘、自然手工等。公园还持续打造形式多样、内容丰富的线下亲子体验活动，在引导教育孩子正确认识人与自然关系的基础上，根植绿色发展理念。

5.1.2 实地调研概述

调研小组于2024年10月19日8:30到达朝阳公园，至18:00调研结束。当日最低气温3℃，最高气温12℃。游客大多在10:00后入园，并进入开放空间进行搭建帐篷、天幕，铺设野餐垫等一系列准备活动。随着气温升高，园内开放空间中的游客数量不断增加，并在14:00左右达到峰值。

调研当日，受到气温、景观等多因素影响，游客更倾向于在有阳光直射的开敞空间进行户外活动。

园内游客使用较多的主要开放空间为：草坪空间和滨水空间。其中，两组主要的草坪空间分别位于公园东侧万人广场处及方舟湖南侧大草坪；滨水空间分布于荷花湖两岸，欧陆风韵桥及问渠桥附近（图5-2）。

开放空间附近多分布便利店、卫生间等服务设施，设置垃圾桶，且具有较好的景观效果。开放空间中，游客活动以休闲为主，相较于具有专业性的露营活动，多为休闲氛围的野餐和体育运动，如飞盘、瑜伽等。由于开放空间距离公园入口距离较远，不便于外卖的取送，游客餐食多为自备，因此午餐前后为游客进园高峰。

（1）草坪开放共享空间调研

万人广场大草坪位于园区中心处万人广场西侧，占地面积约1.5hm^2（图5-3）。西侧地势较高，有林带环绕，围合性较好。面朝杨白蜡林，秋季叶片大面积集中变为金黄色，具有较好的景观效果。草坪西北方向25m处设有卫生间和小卖部，相邻园路旁及西侧、南侧林带设有二分类垃圾桶。

13:00，草坪上有游客20组左右，进行露营、野餐、飞盘、拍摄婚纱等户外活动。此处各组游客所搭建的露营设施间距15~20m（图5-4）。实地调研中，方舟湖草坪有游客12组，每组游客人数为2~6人。游客多为中青年人，部分家庭带学龄前儿童出游。此草坪开放空间距园区东侧停车场较近，但距离公园出口和北部的大型商业服务设施仍有一定距离。且此处商服贩售商品类型较少，无法满足大多数游客的消费需求，因此，绝大部分游客选择自带食物与野营用品。

方舟湖大草坪位于泡泡玛特城市公园对岸，方舟湖南岸，占地面积约为0.6hm^2，设有周期性商业宣传设施与艺术装置，吸引力较强。草坪周围设有餐车、冰淇淋店等配套商业设施。游客可以直接使用园内的商业设施，主要进行野餐、与艺术装置互动等，不使用或轻度使用露营装备的活动。

相较于万人广场草坪，方舟湖大草坪有着更开阔的视域和更丰富的景观效果与配套商业设施，虽不濒临主园路，但游客密度大于万人广场草坪。各组游客间距5~10m。游客以中青年为主，带儿童出游的家庭数为本次调研时涉及开放空间中最多的一处。因艺术装置占用一定空间，场地中部分区域存在视线遮挡，同时，艺术装置与设施使场地被分割为数个较小空间，在一定程度上限制了游客搭建天幕、帐篷等露营设施。

图 5-2　朝阳公园开放共享空间分布图（孙熙呈 绘）

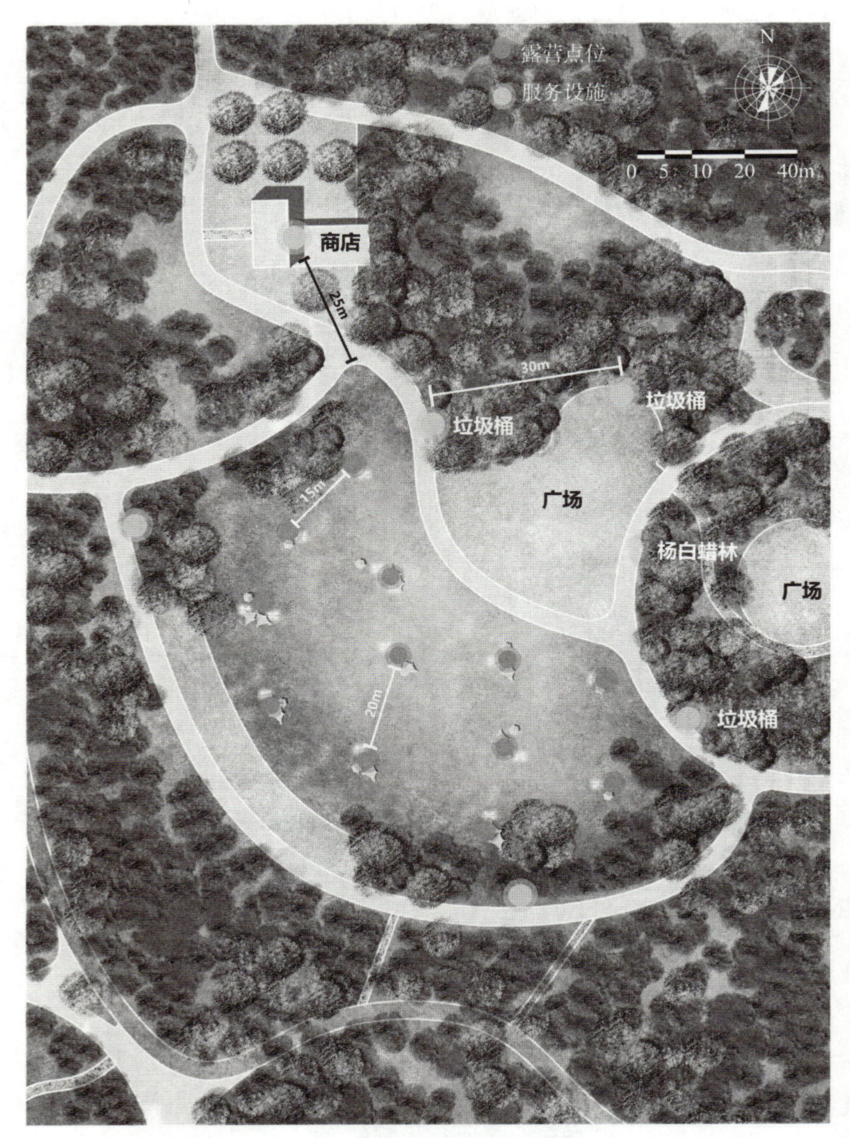

图 5-3 万人广场草坪开放共享空间平面图（王靖渊 绘）

万人广场大草坪

方舟湖大草坪

图 5-4 草坪开放共享空间（马瑞杰 摄）

（2）滨水开放共享空间调研

滨水开放共享空间以园区中心荷花湖两岸园路与水岸间绿地为主，宽5~20m（图5-5、图5-6）。设有艺术装置及开放共享空间活动引导告示牌，临近园路两侧人群密集处设置间隔100m的二分类垃圾桶。南部滨水栈道旁设置1处建筑面积约80m^{2}的小型建筑。

莲花湖岸边

问渠桥旁扎营的游客

图 5-5　滨水开放共享空间（李紫萌 摄）

图 5-6　滨水开放共享空间平面图（李紫萌 绘）

13:00~14:00，滨水开放共享空间游客人数达到峰值。游客大多自带野餐垫、帐篷、天幕及其他露营装备，在开敞无遮挡的开放共享空间进行野餐、放风筝、阅读等活动。各组游客间距20m左右，较为均匀地分布在两岸。游客以青年人为主，部分以家庭为单位的游客带有学龄儿童。

滨水开放共享空间具有较好的景观效果，且满足了使用者亲水的需求（图5-7）。莲花湖两岸是朝阳公园在社交媒体上最受欢迎的开放共享空间。但相较于草坪开放共享空间，滨水开放共享空间存在着一定的落水风险，因此在家庭出游中可能出于安全原因倾向于选择安全性更高、更适合儿童活动的开放共享空间。同时，由于空间自身条件限制，滨水开放共享空间多为狭窄的条带形，在园路距水体较近处通常只能容纳一组游客。因此，当游客数量较多时，滨水活动空间中会出现游客密集的情况，间距1~2m，体验感不佳。

图 5-7　在欧陆风情桥观望两岸滨水开放共享空间（马瑞杰 摄）

（3）开放共享空间现存问题

①开放共享空间周围服务业态不足　滨水开放共享空间附近仅有两处固定商业及少量售卖车，万人广场草坪附近仅一处固定商业，且皆为餐饮类商户，商品种类较少，无法满足游客需求，游客大多选择从园外自带食物前往活动点。

②开放共享空间附近基础服务设施不足　场地配备的垃圾桶为二分类垃圾桶，无专设的厨余垃圾桶，而游客会在野餐和露营后产生大量厨余垃圾无处投放，可能导致开放共享空间出现遗留厨余垃圾。

③主要开放共享空间无轮换养护制度　开放活动空间下垫面以冷季型草坪为主，缺少固定的轮换养护制度，游客数量增加及进入秋冬季后草坪景观效果会受到一定影响。

④缺少游客限流管理　在旺季节假日会出现开放共享空间游客数量激增的情况，给园内绿地养护和综合管理带来压力。同时，开放共享空间中游客密度过大也会导致

游客体验感降低，增加安全隐患和管理难度。

（4）影响开放共享空间活动的因素

根据现场调研，城市公园开放共享空间中的游客自发活动与以下因素的影响有关：

①天气因素 气温、降水和日照会影响开放共享空间中自发活动的游客数量与分布。以秋季为例，气温偏低，游客更倾向于选择有阳光直射，温度较高的开放共享空间活动，草坪与滨水空间的开敞部分活动人数多于林下空间。同时，气温也会影响游客自发活动的时间。当气温较低时，游客倾向在中午时段开始自发活动，当气温较高时则倾向在傍晚开始活动。也就是说，开放共享空间的使用情况会随着天气变化而改变。

②空间是否充足 活动空间的大小会影响游客分布以及活动类型。滨水空间中，游客主要利用的开放共享空间位于滨水园路与岸线之间，而莲花湖两岸园路与水岸间草坪空间为园内相对充足的区段，可以给游客提供足量的活动空间。

③交通是否便利 到达开放共享空间的交通方式与难易度会影响游客对开放共享空间的选择及活动形式。公园内交通方式主要为步行与可租赁代步车，游客倾向于选择从主入口处进入后便于步行到达的开放共享空间。如同样具备开放共享空间条件的情况下，距离西四门较近，沿主要游览路线分布的开放共享空间比非主要游览空间的东北部开放共享空间利用率更高。同时，园内开放共享空间距离停车场有一定距离，只能通过步行到达，限制了游客可携带的活动设备，进而限制活动类型。

④固定服务设施是否完善 游客倾向于选择距离公共厕所、商业等服务设施较近的开放共享空间进行活动。同时，垃圾桶、自动贩卖机及移动贩卖车等可移动设施的分布会受到游客分布状况的影响。公共厕所、商服通常位于游客密度较大的地段，当附近有条件适宜的开放共享空间时，更容易成为游客选择的活动空间。因此，在公园设计阶段与开放共享空间活动策划阶段应关注符合条件的空间。

⑤景观效果是否良好 游客倾向于选择有较好景观观赏效果的开放共享空间点位作为露营等固定位置活动的地点。游客在选择活动空间时倾向于聚集在临近水面和重要景观点的位置。如正对泡泡玛特城市公园标志性建筑及水面的方舟湖大草坪游客密度要高于万人广场草坪及莲花湖两岸滨水空间。

⑥周围空间自身特征 开放共享空间自身特征影响游客对活动空间的选择，如带学龄前儿童出游的家庭出于安全考虑会避免选择滨水开放共享空间作为活动场地。同时，开放共享空间类型也会影响游客的活动类型，如在靠近水体，较为狭窄的开放共享空间，游客会避免进行飞盘等需要跑动和投掷物品的活动，以免发生落水事故。同为滨水空间的情况下，游客一般只选择缓坡草坪进行活动；当滨水空间地形超过一定坡度后，不便于游客展开活动。

⑦社交媒体宣传 进行开放共享空间自发活动的主要游客群体是中青年，容易受到社交媒体宣传及活动宣传的影响。相较于传统宣传方式，社交媒体有着传播快、受众广、成本低的特点，在社交平台上受关注多的开放共享空间更容易吸引游客前来进行自发活动。

综上所述，城市公园开放共享空间中的游客自发活动的选址、活动类型、活动时间会受到天气、空间大小与位置等非人为因素及场地景观效果、配套服务设施、宣传管理等人为因素的影响。在规划公园开放共享空间活动时，应注意开放共享空间自身特点，因地制宜地设置配套服务设施，植入相应的活动类型，引导游客开展活动；同时，制定合理的场地养护及管理制度，确保可持续发展及游客的安全和良好体验感；最后，适当的线上宣传也能为开放共享空间带来更多活力。

5.2 北京市温榆河公园朝阳示范区

项目名称	北京市温榆河公园朝阳示范区
项目所在地	北京市朝阳区来广营北路
建成时间	2020年
项目类型	新建项目
基本情况	公园总面积289hm^2，其中水面面积70hm^2，湿地面积42.4hm^2，绿地占有率70%，硬质空间占比6.25%，草坪空间占比12.5%，建筑用地占比0.17%，园内步道长度总计超过20km

5.2.1 公园概述

北京市温榆河公园朝阳示范区位于北京市朝阳区来广营北路，公园作为温榆河生态走廊的一部分，是北京六环内最大的“城市绿肺”。观察到的鸟类种类从2018年的不足50种增至2024年的约120种，显著地提升了生物多样性。

自2020年9月1日开园以来，该公园已成为北京市民和游客的热门休闲场所。截至2021年4月，园区累计接待游客超过85万人次，日均游客约3700人，最高单日接待量接近28 000人次。该示范区的建成不仅改善了周边居民的生活环境，还提升了附近区域的地产价值。该示范区在设计与管理中广泛应用了智能监控和数据分析技术，以实现可持续发展。智能感应系统实时监测空气质量、湿度和温度等环境参数，有助于优化生态管理措施。公园内活动十分多样，包括运动、露营、亲子、餐饮、宠物乐园等。

北京市温榆河公园朝阳示范区的露营活动是公园内颇受欢迎的户外体验项目，为市民和游客提供了亲近自然、享受生态环境的机会。其露营活动通常在春季至秋季的温暖季节较为频繁，尤其是在周末和节假日。

5.2.2 实地调研概述

调研小组于2024年10月19日8:30到达北京市温榆河公园朝阳示范区进行调研，至18:00结束。当日最低气温2℃，最高气温13℃。当日公园6:00开放，游客多在10:00后陆续入园进行露营，露营形式包括搭建帐篷、天幕，铺设野餐等。随着当天气温的不断升高，露营游客的数量逐渐增加，在13:00左右达到峰值，16:00左右白天露营的游客陆续离开公园。受到气温与光照影响，游客更倾向于在有阳光直射的开敞空间活动和搭建露营设施。

公园内向游客开放的露营分为免费和付费两种，其中免费露营场地主要有3处（图5-8）。这3处可归类为草坪空间以及滨水空间。其中，西园的草坪露营场地位于最南侧的阳坡上；滨水露营场地位于生态文化中心，与芸上花田景观隔湖相望。东园的滨水露营场地位于曲河的南侧凭栏流水景点处。免费露营场地由公园管理部门进行运营与管理；付费露营场地散布于公园各处景观优美空间开阔的场地，由私人经营，提供露营设备、餐饮服务等。

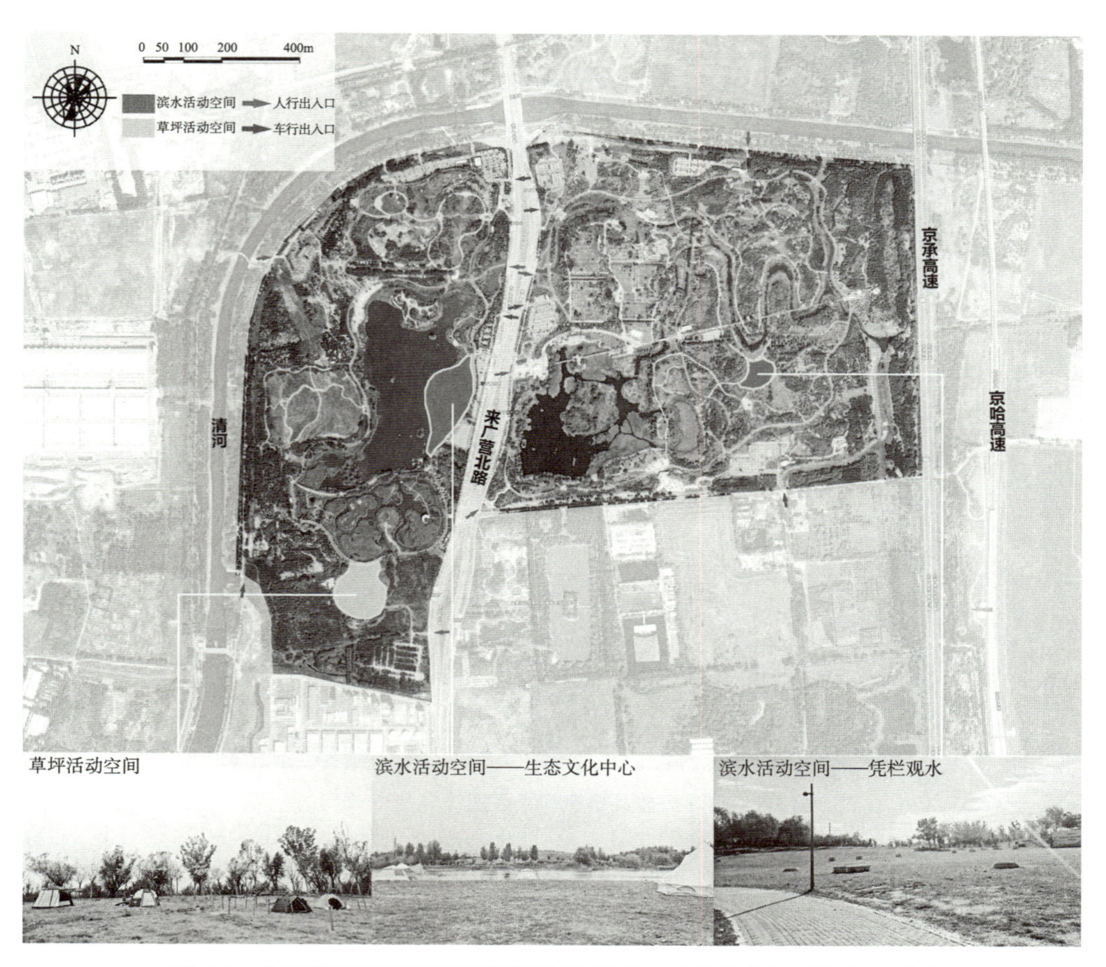

图 5-8 北京市温榆河公园朝阳示范区开放共享空间分布图（马瑞杰 绘）

（1）草坪开放共享空间调研

草坪空间位于西园南侧（图5-9），与西园南侧停车场直线距离在300m以内。西园南侧草坡占地面积约为178hm^2，南侧地势较高，四周均有林带环绕，种植柳树、银杏、杨树等大型乔木。北侧面向园路，园路紧邻生态湿地，有着较好的景观效果。草坪主要采用冷季型草坪，混播有高羊茅、黑麦草、早熟禾等。由于定期的轮换制养护，草坪生长状况良好。草坪露营场地的周围设有露营服务区，区域内包括了卫生间和露营驿站。露营驿站功能包括餐饮、咨询、露营器材租赁等；场地北侧有公园电瓶车候车

图 5-9 草坪开放共享空间平面图（马瑞杰 绘）

亭；相邻园路设置有二分类垃圾桶。

13:00时，草坪上有游客15组，进行露营、野餐、飞盘、放风筝、户外团建等活动。游客餐食多为自带餐食，部分游客也进行了烧烤活动。各组游客所搭建的露营设施以帐篷为主，小部分为铺设露营，在林下有部分天幕设施，游客露营设施组的间距为15~20m。游客的主要露营区域为阳光直射的草地，小部分游人在林下搭设露营设施。值得一提的是，该露营草坪也常作为公园活动的承办场地，如亲子运动、自然讲座、生态体验等，公园活动的举办，为公园注入了活力，促进了周围的露营活动（图5-10）。

（2）滨水开放共享空间调研

滨水开放共享空间包括西园的生态文化中心，以及东园的凭栏流水（图5-11）。其中西园的露营场地活力较高。

西园的生态文化中心露营场地位于西园主入口附近，紧邻园区的主要停车场，交

帐篷设施露营

天幕设施露营

图 5-10　草坪开放共享空间（王靖渊 摄）

图 5-11　滨水开放共享空间平面图（孙熙呈 绘）

通方便。整体地势东高西低，面向西园最大水体沁湖，占地面积约2.3hm²。湖水对岸为西园特色景观点“芸上梯田”，尤其是滨水区域有极好的景观效果（图5-12）。在场地的北侧为游船中心，这也为场地带来了一定的人流量。

场地中央顺应驳岸列植一排大型乔木，夏季为游客提供了遮阴的功能。该场地地被覆盖率较低，可能与人流量大、缺少轮换制养护有关。露营场地周围园路设有二分类垃圾桶；南侧有卫生间，公园电瓶车候车亭；距离场地200m处有自助售卖机和自助烤肠机。秋季13:00左右，滨水露营场地游客人数达到了峰值，数量有20组左右。游客主要进行露营、阅读、观景、野餐、摄影等活动。游客餐饮主要以自带为主。游客大多自带野餐垫、帐篷及其他露营装备，露营以帐篷与天幕为主，少部分游客为铺设露营。游客露营设施组的间距为10~15m。在露营位置的选择上，露营点大多都沿驳岸成带状分布，位于距离驳岸20~30m的缓坡处；少部分选择在林下（图5-13）。

东园的凭栏流水露营区位于东园曲河南侧的阳坡上，占地面积约5000m²。场地南侧较高，并植有林带，使游人能够在享受阳光和自然景观的同时得到一定的遮蔽和私密性。北侧为二级园路，园路北侧为曲河，有着较好的景观效果。场地北侧设有四分

紧邻的停车场

对岸“芸上梯田”

图5-12 滨水开放共享空间周边（王靖渊 摄）

人数较多的露营场地

临水露营点沿驳岸分布

图5-13 滨水开放共享空间（孙熙呈 摄）

类垃圾桶，距公共厕所直线200m左右，距最近的电瓶车候车亭200m左右。该露营区仍存在一些使用上的限制。由于场地周边基础设施相对较少，如较远的停车场和有限的配套设施，前来此处露营的游客人数相比西园的生态文化中心显少。而对于喜欢安静、远离人群的露营者来说，凭栏流水露营区也提供了一种独特的户外体验。

（3）开放共享空间现存问题

①基础设施不完善　部分区域的基础设施相对较少，尤其是在停车场和公共设施的便利性方面，需要进一步加强。在一些露营区，如东园的凭栏流水区域，游客数量与配套设施不够齐全有关。增加这些区域的服务设施，如露营驿站、卫生间和饮水设施，将有助于提升游客体验。

②交通与可达性不足　露营区域与停车场距离较远，导致游客需要较长步行时间才能到达露营地点。改善交通接驳系统，如增加电瓶车接送服务或步道优化，可提升游客的出行便利性。某些园内路径的可达性和标识不足，可能会给游客带来困扰。

③设施的维护与清洁不足　垃圾处理和卫生维护的压力也在增大，且多数区域缺少四分类垃圾桶。增加垃圾分类设施和提高垃圾清理频率，有助于维持公园的清洁和环保形象。公园内的露营设施和设备需要定期维护，以保证其安全性和使用效果。定期检查和维修有助于防止设施老化和损坏，确保游客安全。

④游客限流管理不完善　在游客密集区域，过度使用可能导致草坪和植被的损耗。加强植物的轮换养护和草坪恢复管理，可以保持公园的生态健康。可进一步推广环保意识和教育活动，鼓励游客遵循“无痕露营”的原则，减少对自然环境的影响。加强对露营活动的管理和监督，尤其是对烧烤和自带设备的使用，确保符合安全和环保标准。

（4）影响开放共享空间活动的因素

北京市温榆河公园朝阳示范区内开放共享空间的活动受多种因素影响，包括地理位置、环境设施、季节和管理运营等。以下是基于前文调研的几个典型场地总结的影响公园内开放共享空间活动的关键因素。

①地理与空间布局　北京市温榆河公园朝阳示范区位于五环以外的城市边缘区，拥有289hm^{2}的总面积，其中包括70hm^{2}的水面和42.4hm^{2}的湿地。其较大的公园面积是公园进行开放共享经营的必要条件，同时其内部的山水关系为露营场地提供了多种多样的选择。主要露营活动场地分布在草坪空间和滨水空间这类有良好景观效果的场地。这些不同的露营区具有各自的特点和优势，给游客提供了多样的选择。例如，西园的草坪露营区位于西园南侧，占地178hm^2，地势高且四周林带环绕。而滨水空间，如西园的生态文化中心和东园的曲河南侧区域，提供了水景视野和景观效应。

②基础设施和服务　公园内自发的露营活动多少与公园内基础设施的建设和维护的好坏密切相关。北京市温榆河朝阳示范区公园内提供了卫生间、露营驿站、垃圾分类设施等基本服务，在基础设施方面保障了游客的露营体验。如在西园草坪空间周围设有露营驿站和卫生间，提供餐饮和器材租赁等服务，方便游客使用；在西园生态文化中心滨水空间设有卫生间与公园电瓶车候车亭。因此这两个区域露营人数明显较多，而东园的凭栏观水由于附近基础设施较少，露营人数也受到影响。

③环境和自然景观　自然环境也是吸引露营者的重要因素。该示范区种植了逾100种本地植物，并吸引了多种鸟类和小型哺乳动物，园中有较好的生物多样性，自然环境较好。而植被的覆盖情况也一定程度上影响不同露营点的人数，西园草坪处植物种类丰富，植物景观效果良好，游客也较多；西园生态文化中心滨水空间，由于面向西园特色景观“芸上花田”，也吸引了较多的游客前来露营。

④季节与气候　露营活动受季节和气候的影响显著，尤其是在春季到秋季的温暖季节更为频繁。在秋季，公园早晨6:00开放，游客多在上午10:00后进入，人数在下午13:00左右达到峰值。气温和光照的变化也影响游客选择露营的时间和地点，如在秋季，游客偏向选择有阳光直射的开阔空间。

⑤管理与运营模式　北京市温榆河公园朝阳示范区内的露营活动由公园管理部门和私人经营者共同管理。根据经营情况来看，付费露营区域由私人承包经营，提供了更好的服务，如完善的露营设备和餐饮，部分活动策划等，但由于周围景观效果不够突出，面积相对较小，因而更加面向小型团体活动如公司团建等。而公园管理部门运营的免费露营区的游客较多，游客常以家庭为单位，更倾向选择相对开敞的空间。

⑥游客活动与行为　露营者的活动类型多样，包括搭建帐篷、天幕，野餐和户外游戏。游客主要自带食物，部分游客还进行了烧烤活动，这对场地的清洁和维护提出了要求。此外，游客的选择和行为在不同空间有差异，如滨水空间的游客更倾向于选择距离驳岸较近且坡度较为平缓的位置进行露营。

⑦活动与设施分布的关系　露营人数也受到设施距离远近的影响，其中露营区到停车场的可达性为最主要的影响因素。如东园的滨水空间，与停车场直线距离300m，但园内地形起伏较大，且无一级园路通过场地，导致露营人数相对较少。而西园内的两个露营点，滨水区域紧邻停车场；与草坪区域停车场直线距离200m，但有一级园路直接通过场地。因此露营人数相对较多。

⑧社交与活动　公园内的露营活动不仅是休闲的方式，也是社交的机会。公园定期举办的活动，如亲子运动和自然讲座，吸引了不同年龄和兴趣的游客。这些活动促进了参与者的互动，为露营注入了更多活力。

⑨公园轮换养护制度　示范区有着较好的公园轮换养护制度，错峰养护交替开放。各露营区将根据植被养护周期进行错峰交替开放，以减少对草地的压力并保护生态环境。具体开放信息会提前公告，以便游客提前规划，从而保证草地得到充分的休息和恢复时间，避免因过度使用而导致土壤板结、草皮受损等问题。这有助于维护生态平衡，保持草地的长期健康和美观。同时，通过错峰交替开放，可以减少特定区域内的人流量，避免过度拥挤，提升游客的露营体验。轮换制养护也使得示范区可以更合理地分配保洁、安全等资源，提高管理效率，确保游客安全。

综上所述，影响北京市温榆河公园朝阳示范区露营活动的因素多样且互相关联，地理位置、环境景观、季节气候、基础设施和管理模式共同塑造了公园内的露营体验。

5.3 北京市龙潭中湖公园

项目名称　龙潭中湖公园

项目所在地　北京市东城区

建成时间　2021年

项目类型　改造项目

基本情况　公园总面积39.67hm^2，其中硬质空间占比12%，草坪空间占比2%，建筑用地占比2%（图5-14）

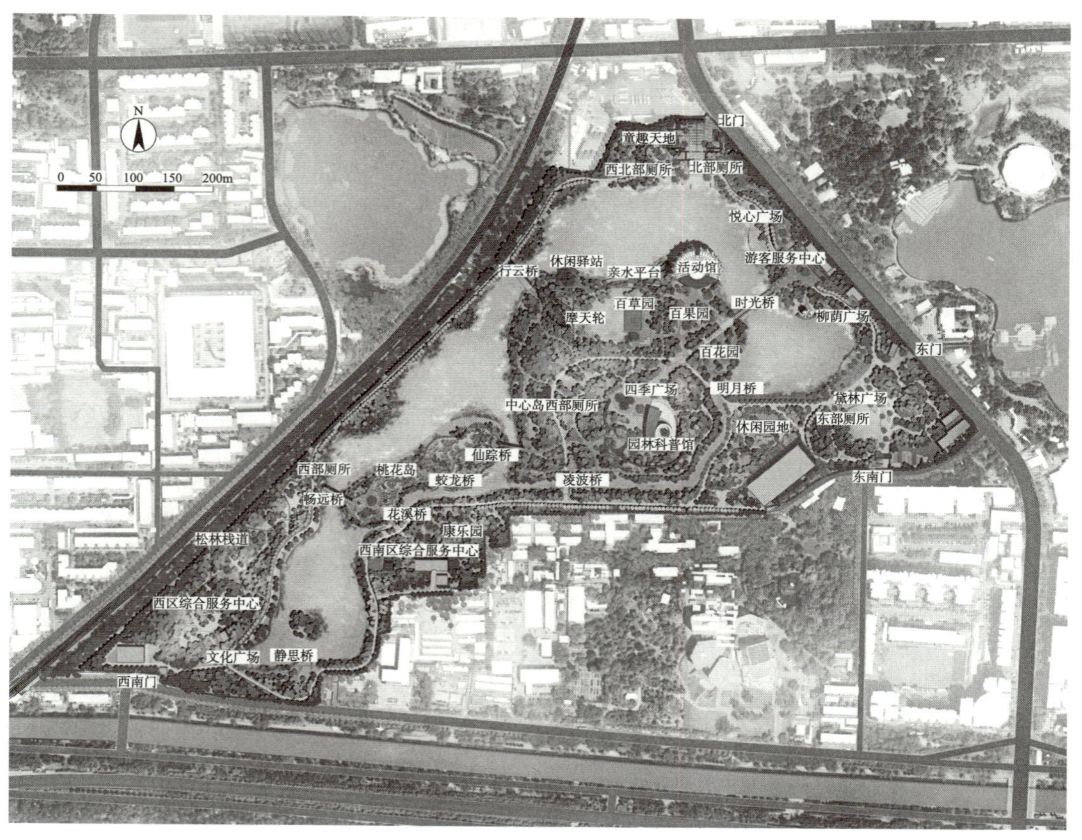

图5-14　北京市龙潭中湖公园总平面图（孙文浩、孙熙呈 绘）

5.3.1 公园概述

龙潭中湖公园的前身是北京游乐园，位于东城区左安门内大街，总面积39.67hm^2，陆地面积28.96hm^2，水体面积10.71hm^2。龙潭中湖公园于2020年启动改造提升建设，2021年9月24日免费向公众开放。

公园改造建设在保留原有陆地水系布局及现状林木结构的基础上，通过理水、营林、柔湖、丰草、梳脉、承忆、再生、布局、赋能、融景十大策略，突显“静”自然、

“亲”湖面、“野”芳草、“境”文脉、“零”外运、“智”海绵、“悦”民心、“隐”构筑八大建设亮点，打造了滨水活力环、森林漫步环、湿地涵养环三大核心活动主题环线和龙潭十二景特色景点。这座天然大氧吧，开始吸引运动爱好者前来打卡，成为北京市有名的体育主题免费公园，引领着京城“潮”运动潮流。

为了满足市民的健身、休闲需求，园内设有乒乓球、篮球、网球等标准运动场地，2.6km跑步绿道以及一段空中栈道，活力市集、主题跑团、运动秀场、潮流展示等运动体验活动在这里轮番上演。

5.3.2 开放共享功能

龙潭中湖公园湖心岛上是北京二环里首个城市森林露营地。公园中的草地、林下也是游人们进行露营、野餐等休闲活动的选择。

在夏季，龙潭中湖公园开展丰富多样的水上项目，包括皮划艇、桨板、龙舟。公园平缓开阔的水面是培训水上运动技能、筹办公司团建活动、班级活动定制、中小型赛事、个性化活动定制的极佳选择。在冬季，龙潭公园湖面开展冰车、冰滑等冰上游乐项目。

5.3.3 绿色低碳生活

在东城区积极创建国家全民运动健身模范区的大背景下，龙潭中湖公园围绕“新龙潭·潮运动”的主题，以宣传绿色低碳出行为目的，举办骑行、慢跑等体育赛事。龙潭中湖公园还开展了一系列绿色环保活动，如清扫白色垃圾、垃圾分类、低碳主题市集科普活动等。通过举办不定期的环保活动，龙潭中湖公园宣传了低碳健康环保的生活方式，实现了资源再利用。

5.3.4 公园运营管理

走新京范儿风格的北平机器餐厅、与艺术馆融为一体的漫咖啡馆、拥有美丽景致的观湖餐厅，售卖冰淇淋、热狗、养生热饮的推车商铺成了龙潭中湖的特色服务形式。

龙潭中湖公园位于二环内核心地段，拥有摩天轮地标建筑、室内外复合场地，餐饮休闲配套齐全，每天入园人次上万，有商业流量优势。公园欢迎与公园场景契合的业态，持续发布合作经营项目招商信息，如公园文创冰品设计、公园临时游乐场、公园露营、市集等各类项目，以满足游客休闲放松、聚会聊天等需求。通过持续不断提供新鲜内容，保持公园活力，增强了用户黏性。

5.4　雄安金湖公园

项目名称　金湖公园项目勘察设计（中央湖区部分）
项目所在地　河北省雄安新区容东片区
建成时间　2022年
项目类型　新建项目
基本情况　公园总面积87.4hm^2，其中硬质空间占比11.3%，草坪空间占比2%，建筑用地占比0.5%

5.4.1　公园概述

金湖公园位于河北雄安新区容东片区，作为最先开工建设的安置片区，容东片区是雄安新区以生活居住功能为主，宜居宜业、协调融合、绿色智能的综合性功能片区。金湖公园位于容东片区的核心地带，东西跨度2.5km，南北长约1.3km，占地87.4hm^2，旨在营造以园化城、融入绿色生活、传承地域记忆的“绿色城市客厅”（图5-15）。

金湖公园项目于2019年启动规划设计，获得国际方案征集第一名，并于同年进入深化设计。2020年10月进场施工，历经近两年的连续建设，最终于2022年6月竣工并投入使用。

5.4.2　开放共享功能

公园周边主要有商务办公、文化、居住等多种用地类型，人流量大。公园通过开

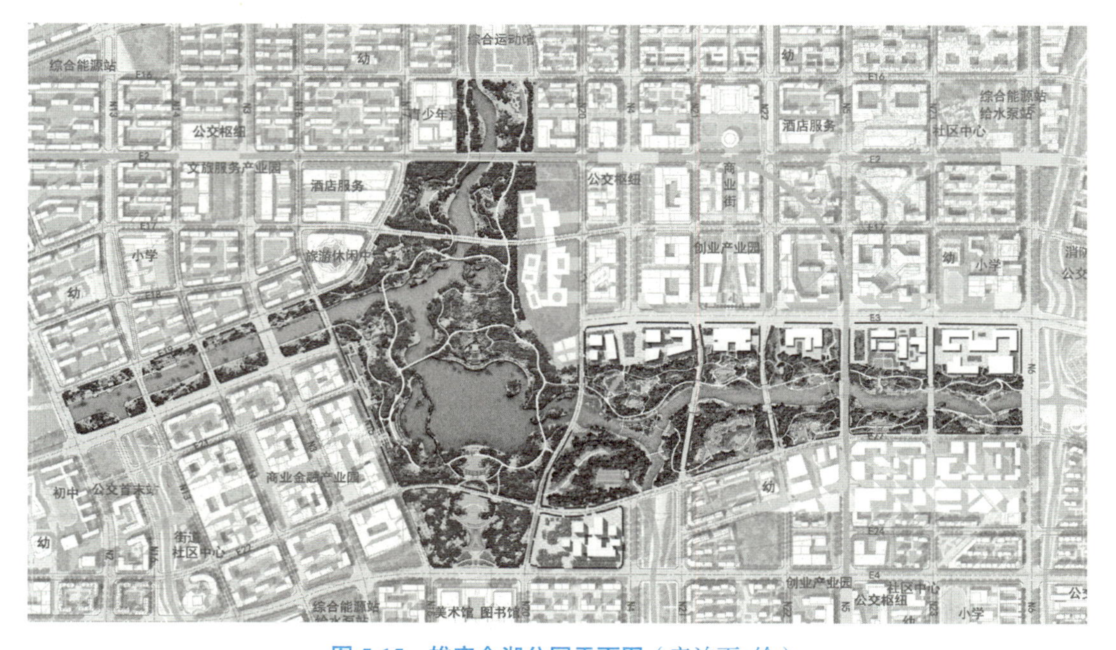

图 5-15　雄安金湖公园平面图（辛泊雨 绘）

图 5-16　金湖公园鸟瞰图（辛泊雨 绘）

放式的共享边界将绿色空间与城市生活空间完美融合，通过链接公园道路体系，串联桥下通行走廊，构建滨水贯通的快速通达体系，通过人性化的场景设计打造步移景异的城市自然景观，将整个公园构建成为城绿相望、城绿相融、城水相依的城市绿色开放空间。

公园集滨水休闲、户外健身、文化展示、日常交流等功能于一体，可供周边居民及游客提供全时性全龄化游憩服务（图5-16）。其中，设有4处服务驿站与6处公共卫生间，面积共计2900m^2，建筑内包含售卖、问询、租赁、办公等功能。公园内规划有5组仿古建筑、8座景观廊架、35处景观节点（包含3处篮球场、3处乒乓球场、3处极限运动场、若干体育运动设施及儿童游乐设施等）。园内可供游人活动的开放共享草坪8处（面积17 865m^2），大型喷泉水秀1处，林荫停车场1处，直饮水设施7处。为便捷城市慢行活动，公园内规划了2660m的城市绿道与6500m的健身步道等。

5.4.3　绿色低碳生活

金湖公园的营造始终坚持“以人定园”的导向原则，不同于传统公园设计中围绕“赏景”来构建活动场所，而是围绕“以人民为中心的场景”来设计公园空间。创新性地采用“容东全民24小时”的场景导向设计方法，“赏景”的同时全面考虑全时段全龄友好的功能构建。

园内布置24小时开放的健身环道及跨区绿道，穿过公园衔接各类城市用地，使之既是游园路也是健身路，同时也是通勤路。根据公园边界类型，围绕水系设计喷泉水秀、文化科普、公共集散、亲子休闲等多元城市生活场所。根据容东居民年龄构成设计极限运动场、球类运动场、户外健身场等不同类型的体育活动场所。根据儿童年龄划分设计多种儿童及青少年游戏场所。公园设计旨在构建全时化使用场景，使周边居民真正实现“出门进园、随时可玩、全民可用”“穿过公园去上班、工作间隙可赏园、休息时间可游园”的美好生活。

5.5 深圳市香蜜公园

项目名称　香蜜公园
项目所在地　深圳市福田区
建成时间　2017年
项目类型　改造项目
基本情况　公园总面积42.4hm^2，其中硬质空间占比24%，草坪空间占比3%，建筑用地占比4%

5.5.1 公园概述

香蜜公园位于深圳市福田区农园路30号，其前身是深圳市农科集团的科研场所。2013年，深圳市政府决定由福田区政府来负责香蜜公园的建设、投资和运营管理，由福田区城市管理和综合执法局来执行。香蜜公园于2017年7月正式向公众开放。

香蜜公园提供了城市休闲娱乐的功能，还融合了文化、休闲和体验等元素。在建设过程中，香蜜公园遵循了“生态保护、资源节约、零排放”的原则，并通过“开门问计”的方式，积极听取并吸纳了社会各界的意见和建议。参与人数超过1万，这在深圳市公园建设史上尚属首次。

5.5.2 开放共享功能

为更好地满足人民群众搭建帐篷、运动健身、休闲游憩等亲近自然的户外活动需求，福田区城市管理和综合执法局全面提升香蜜公园的管理和服务水平，向市民提供更丰富舒适的游园体验，创造宜居宜游的美好休憩空间（图5-17）。香蜜公园开放设置帐篷搭设区约8000m^2，分为3块草坪，该区域地势相对较高，景观视野开阔（图5-18）。3块草坪将实行轮流养护、轮流开放管理制度。

5.5.3 公园运营管理与绿色低碳生活

运营管理阶段，通过举办各种积极有益、丰富多彩的自然教育、公益文化活动，集结了一大批热爱公园、关心公园的专家学者和普通志愿者深入参与到公园的管护管理、园貌维护、质量监督及公园文化建设中。据不完全统计，规划和建设阶段，共组织各类活动约83次；开园1年以来在公园举办的志愿者导赏及垃圾分类宣传活动约230

次；公园及其他企事业和社会团体举办的活动64次；香蜜公园志愿团队人数已达500人。“共治共享”汇智聚力，让公园呈现出越来越美的面貌。

图 5-17　香蜜公园开放共享空间（1）（戈晓宇 摄）

图 5-18　香蜜公园开放共享空间（2）（戈晓宇 摄）

5.6 重庆中央公园

项目名称 重庆中央公园
项目所在地 重庆市两江新区
建成时间 2013年
项目类型 新建项目
基本情况 公园总面积153hm²，其中硬质空间占比15.4%，草坪空间占比5.2%，建筑用地占比1.6%（表5-1）

表5-1 重庆中央公园公共空间建筑类型与面积

管理建筑	建筑面积（m²）	建筑层数	建筑形式	服务建筑	数量（个）	建筑面积（m²）	建筑层数	建筑形式
管理处办公用房	4500	2	永久建筑	卫生间	16	120~150	1	永久建筑
南区管理用房	1600	2	永久建筑	茶 室	5	120	1	永久建筑
—	—	—	—	山城天街	1	5000	2	永久建筑
—	—	—	—	小卖部	18	12~15	1	永久建筑

5.6.1 公园概述

（1）项目背景

2010年5月5日，国务院正式批准设立重庆两江新区，这是继上海浦东新区和天津滨海新区之后由国务院直接批复的第三个国家级新区，也是我国内陆地区第一个国家级开发开放新区。重庆中央公园位于重庆市两江新区国际中心区的核心地带，东邻国际消费中心，西接重庆第二商务区，沿公园东西两侧干道为高档商务组团，南北两侧分别规划了文化设施用地（图5-19）。

（2）总体设计

公园南北长约2400m，东西最宽处约770m，最窄处约600m，占地面积约为1.53km²。公园形成了总长约6km的连续绿地边界，四周可带动约7km²的高强度城市开发建设，使公园绿地的效益得到充分发挥。

设计之初，委托方要求设计开展大型活动的广场、较为平缓的轴线以及大型的开阔草坪，设计团队带着这个需求调研了重庆多处城市开放空间，发现生活于山城的重庆人民对平整开阔的场地极为热爱，城市中平坦的户外活动空间对市民有着极强的吸引力。

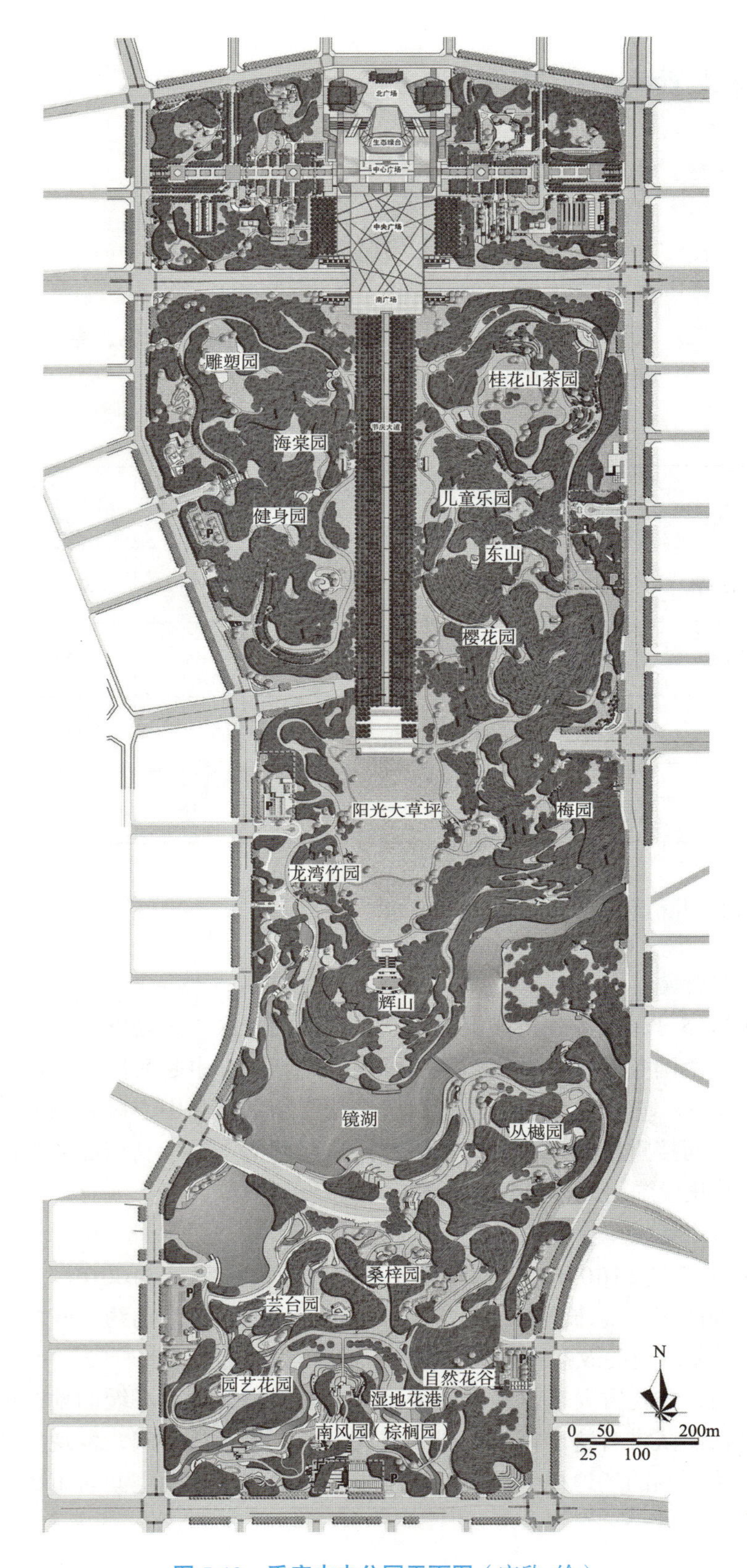

图 5-19　重庆中央公园平面图（应欣 绘）

5.6.2　开放共享功能

重庆中央公园尊重地形走势，结合功能布局要求，形成了“四区一带”的结构布局。其中，四区为中央广场区、景园水湾区、景园山林区、生态休闲区，一带为节庆大道带，这些区域共同形成了公园开放共享的基础空间。

全园在功能上既设置了中央广场、节庆大道、欢庆广场、南广场、中央大草坪等开敞空间，营造大气的庆典场所，又布置了儿童乐园、科普园地、小鸟天堂、亲子乐园、母子菜园等特色园中园和不同景观风格的各类景园，打造了丰富的活动场景，更好地满足市民亲近自然的户外活动需求。

①中央广场区　总面积为30hm^2，包括中央广场、中心广场、服务广场、生态绿台和北广场等。多条放射型道路与中央广场相连，便于人群集散。其中，中央广场约6hm^2，可容纳约10万人活动，广场北侧为大型表演喷泉和生态绿台，两侧以银杏和桂花列植，烘托气氛，并形成林下休息空间。

②节庆大道带　总面积为18hm^2，包括节庆大道、欢乐广场、阳光大草坪和辉山等（图5-20）。节庆大道长度为600m，集中通行宽度为20m，两侧为乔木林荫树阵。结合

图 5-20　节庆大道（应欣 摄）

铺装的变化，节庆大道每隔50m镶嵌条形黄铜地雕，记录重庆历史发展的大事件。欢乐广场位于节庆大道的结束端点，作为由规则空间向自然空间的转换。阳光大草坪以集中的缓坡草地为主，点缀树团，舒展自然，开放大气。

③景园水湾区　总面积为22hm^2，以疏林草地与龙湾水景为主。包括雕塑园、海棠园、露天剧场、健身园、益清园和龙湾竹园等。临公园西路规划有3处街头游园和乐园，设置一定面积的群众活动场地和健身设施，方便市民使用。

④景园山林区　总面积为30hm^2，以山体密林为主，营造满足游戏、休闲、运动、演出、展览、科普的等景观空间。包括桂花山茶园、儿童乐园、东山、樱花园和梅园等。

⑤生态休闲区　总面积为53hm^2，以镜湖与自然山体风景为主导景观，营造自然生态园地，满足市民游园、休闲、运动、科普等活动。包括镜湖、山城天街、桑梓园（乡土植物园）、丛樾园、自然花谷、芸台园（味园）、园艺花园、湿地花港、生态运动园和南风园等。

5.6.3　绿色低碳生活

全园策划了“欢庆、开放、生态、文化、科技”五大主题。其中，欢庆主题包括节日庆典、纪念活动、群众娱乐、市民休闲、公共参与以及儿童游戏；开放主题主要体现在空间类型、公园风格、时尚活动等；生态主题主要体现在生态系统、生物多样性、生态技术、本土植物等；科技主题主要包括资源节约、能源节约、低碳和资源循环。每个主题均有相应的内容支撑、功能设施和景观元素予以具体体现，根据活动需求不同，合理打造公园南北区地形空间，充分展现了绿色低碳生活的特色。

重庆中央公园于2013年国庆节建成并对外开放，新颖的公园风貌、多元化的功能空间、开阔的绿地每天吸引着众多重庆市民前来参观游览，人们在对公园景观的称赞之余更是享受公园带来的清新与快乐。孩子们欢快地奔跑，在沙坑里、秋千上、大草坪中快乐地玩耍；年轻人在篮球场上一展身手，在健身跑道上神采飞扬；中老年人在林荫下、场地上、草坪中、清水畔休闲放松，享受美好景观，度过悠然时光。

重庆中央公园已经成为重庆市民最为喜爱的公园之一，以中央公园作为两江新区的生态地标，带动新区建设发展的愿景正在逐步实现。

5.7　南京玄武湖公园

项目名称　南京玄武湖公园

项目所在地　南京市玄武区

建成时间　1928年

项目类型　改造项目

基本情况　公园总面积513hm^2，其中湖域面积378hm^2，陆地面积135hm^2

5.7.1 公园概述

玄武湖景区是南京市钟山国家级风景名胜区的重要组成部分、国家AAAA级旅游景区、国家重点公园、国家水利风景区。玄武湖经过从六朝皇家苑池到清代的一系列历史变迁，是中国近代最早的公园之一。

玄武湖景致疏朗，水体开阔，视线通透。水面、岛屿、植被与四周的明城墙、紫金山、紫峰大厦天际线等交相呼应，采用“一池三山”式造园手法和“三湖五岛六堤”的园林布局，将山、水、城、林完美融为一体，在中国园林史中占有重要地位。

自生态园林城市建设以来，玄武湖作为南京城市的“绿肺”，对改善城市生态条件做出了很大贡献，也为市民提供了一个可游、可憩的大型休闲场所。玄武湖自然资源丰富，有各类生态湿地近13万m^2，超7km的生态化岸线，和平门附近的3个无人生态岛，已成为鸟类和两栖动物的栖息地、繁殖地和候鸟越冬地。

5.7.2 开放共享功能

（1）公共设施丰富

玄武湖公园基础设施完备，集便民服务于自然美景之中。园区内设有多样化便民设施，以满足游客多元需求。为倡导低碳绿色游览，玄武湖公园管理处于2022年4月发布《玄武湖景区帐篷搭建管理办法（试行）》，市民白天时段在樱洲、梁洲、情侣园等指定草坪区域都可以搭建帐篷（图5-21）。玄武湖荷花六朝时已闻名天下，清代被列入“中国八大赏荷胜地”。2024年年初，玄武湖东南湖区域的太平门木栈道正式建成开放，成为市民赏荷打卡新地点（图5-22）。

图5-21 玄武湖草坪区露营（杨云峰 摄）

图 5-22　玄武湖赏荷栈道（杨云峰 摄）

（2）特色水上项目

玄武湖总面积513hm^2，其中水面占了近3/4。南京市政府在水生态系统建设的同时，注重历史文化的挖掘与展示，积极探索“水利+旅游”的多元发展，取得了较好的生态效益和社会效益。近年来，玄武湖水利风景区及时把握市场热点，更新产品业态，积极探索创新发展模式，高质量打造智慧景区。针对玄武湖水面资源丰富的现状，充分利用水上资源，打造了帆船、龙舟、赛艇、皮划艇等多个水上运动基地（图5-23、图5-24）。各类水上运动已成为玄武湖景区一道崭新的风景线，也成为景区新的经济增长点。2023年玄武湖景区经济发展再创新高，全年创收超1.75亿元。

图 5-23　玄武湖水上运动基地（杨云峰 摄）

图 5-24　皮划艇项目体验码头（杨云峰 摄）

（3）生态科普研学

玄武湖抓住环境治理的成果和“双减”政策的机遇，景区依托武庙闸历史文化展馆、金陵盆景园、和平门生态湿地水生植物科普专类园，充分利用水生态、水文化开展特色教育，推出了“水生态科普”“游湖观鸟专线”“盆景及插花知识宣讲”“水文化宣教活动”等一系列生态主题研学活动（图5-25、图5-26）。同时景区也与南京各大中小学、社团机构等达成合作，定期推出主题研学活动。2023年6月，玄武湖景区被评为第五批南京市中小学生研学实践教育基地。

（4）体育赛事承办

玄武湖先后举办或承接了青奥会徽发布仪式、亚青会火炬传递、2017世界Byte帆船大奖赛等重大活动（图5-27）。2014年，第二届青年奥林匹克运动会在南京举办，玄

图 5-25　亲水生态区域（杨云峰 摄）

图 5-26　鸟类科普长廊（杨云峰 摄）

武湖景区以其得天独厚的景观特色，成为铁人三项、赛艇、皮划艇的赛场（图5-28）。近年来，玄武湖更是成为南京马拉松半马的终点和全马的必经赛段，“跑跑玄武湖，南京很幸福”已成为玄武湖重点打造的冬季跑步品牌。作为跑步爱好者们的大本营，玄武湖环湖路被网友誉为国内十大跑步“圣地”之一。

图 5-27　湖面龙舟训练（杨云峰 摄）

图 5-28　赛艇俱乐部（杨云峰 摄）

（5）大型文娱活动

玄武湖公园积极探索多元化的活动形式，促进公园内部资源的合理利用与优化配置，旨在打造一个集休闲、娱乐、文化、教育于一体的综合性公园，为市民游客提供更加丰富多彩的生活体验，同时进一步推动公园经济的可持续发展。如2024年3月生活节在玄武湖梁洲、樱洲举办，520情侣园活动基地凭借其丰富的草坪与建筑广场空间背景定期开展社交活动（图5-29、图5-30）。

图 5-29　情侣园活动基地（杨云峰 摄）

图 5-30　情侣园活动草坪（杨云峰 摄）

5.8 日本东京南池袋公园

项 目 名 称　东京南池袋公园

项目所在地　日本东京都丰岛区

建 成 时 间　2016年

项 目 类 型　改造提升项目

基 本 情 况　公园总面积0.78hm^2，其中硬质空间占比30%，绿地空间占比66.5%，建筑用地占比3.5%

5.8.1 公园概述

南池袋公园在1951年首次开放，随后逐渐变成流浪者聚集的地方，导致当地居民不敢靠近。2007年，东京电力公司计划在公园下方建设变电站，为公园的改造更新提供了机会，公园因此关闭了近4年。2013年9月，丰岛区召开座谈会，向公园周边土地所有者和居民征集意见，倡议将阅读和办公功能相结合的咖啡餐厅开到公园里。

公园一期建设于2014年10月开始实施，以建筑工程为主要建设项目，由区政府负责建设、拥有产权并对外出租，并通过公开招聘的方式选定公园咖啡餐厅经营者，将内部装修交由经营者负责。2015年3月，丰岛区举行了一次研讨会，最终决定由一家具有丰富经验的私营企业来管理。2015年4月，咖啡餐厅开始向周边居民开放（图5-31）。随后公园的第二期建设（包括广场、草坪等园林设施）也启动，于2016年完工并全面开园。

南池袋公园也是东京都丰岛区南池袋的区立公园，占地面积约0.78hm^2，公园周边紧邻商业办公楼与文化建筑。更新后的南池袋公园主要由草坪、樱花露台、儿童活动场所和一栋服务楼组成，具有休闲娱乐、聚会餐饮、儿童游乐、防灾避险等功能（图5-32至图5-34）。

5.8.2 开放共享功能

咖啡馆能够提供餐饮服务，也可为受灾人群提供帮助，并通过与当地居民合作，为当地社区的安全和治安提供支持，并将销售收入的一部分回馈给当地社区，用于公园的运营，同时用作灾难时的施食处。此外，公园成立了有当地居民参加的“南池袋公园促进会”的管理机构。公园工作日流量约1000人次，节假日日平均2000人次，约30%游客在此消费，公园在咖啡馆收益的资助下，形成了公园资产利用的新方法和可持续的共建共享机制（宗敏，2020）。

图 5-31　咖啡餐厅（戈晓宇 摄）

图 5-32　儿童活动场地（戈晓宇 摄）

图 5-33　公园中休闲活动的游客（戈晓宇　摄）

图 5-34　维护中的公园草坪（戈晓宇　摄）

5.8.3　绿色低碳生活

南池袋公园为居民提供了社区集会、居家外延等多样化的生活功能。居民可以在这座小巧美丽的公园内举办婚礼、社区市集，品尝特色美食，体验户外办公等活动。公园的运营收益能够有效覆盖设计、建设和后续运营的成本，体现了政府、组织和市民共同协作完成的“收益还原型”公园运营制度 。

5.8.4　公园运营管理

丰岛区公园管理处以清扫保洁、植物养护、更换儿童活动区域木屑等工作内容，委托西武造园公司负责公园的养护工作。“南池袋公园促进协会”是以监督、协助公园日常管理为主要任务，由政府、市民、社区代表及其他利益相关方共同发起成立的合作组织。该协会的主要职责包括：讨论并制定公园的使用规则、定期组织旨在提高公园吸引力的讨论会，以及审查公园内各类活动的申请等（宗敏，2020）。

南池袋公园主要由私人资本，即咖啡店运营商，通过租赁园内建筑来运营，享有使用权。这些咖啡店经营者每年需要支付约1930万日元（约合88万元人民币）的租金，这笔费用占公园管理总收入的一半以上。同时，东京电力公司和东京地铁公司也需每年向公园支付一定的占用费用。Park-PFI（Private Finance Initiative）模式下的南池袋公园管理运营每年可获得约1000万日元（约46万元人民币）的收入。

5.9　日本东京上野恩赐公园

项目名称　东京上野恩赐公园
项目所在地　日本东京都台东区
建成时间　1873年10月
项目类型　新建项目
基本情况　公园总面积52.5hm^2，其硬质空间占比32%，草坪空间占比15%，建筑用地占比12%

5.9.1　公园概述

上野恩赐乐园是日本历史最悠久的五大公园之一。公园于1873年对外开放，是东京重要文化设施的所在地，包括东京国立博物馆、国立西洋美术馆、国立科学馆、上野动物园等。园中忍冈高地，成为近现代的赏樱名所，吸引了大量赏花游客前往观赏。此外，忍冈南方的不忍池，夏天有水生植物盛开，冬季有多种水鸟飞至此地栖息。

5.9.2 开放共享功能

上野恩赐公园的第一批樱花树由德川幕府第三任将军德川家光（1604—1651年）所植，但均已死亡，此后400多年间不断种植，使公园赏樱的传统一直延续至今。每年春季樱花盛开时，上野恩赐公园吸引200多万游客前来观赏，人们会在标志性的粉色和白色花瓣下边吃边玩（图5-35）。

林下聚餐

公园集市

图 5-35 游客在公园草坪开展活动（戈晓宇 摄）

5.9.3 绿色低碳生活

上野恩赐公园的中央道路是日本全国知名的樱花林荫道。这里一直作为赏樱名胜而备受人们喜爱，公园还会组织各类集市活动。

5.9.4 公园运营管理

上野恩赐公园免费开放，但参观园内美术馆、博物馆等均需付费。上野恩赐公园的开放时间为5:00~23:00，大多数场地上午9:00或9:30开馆，营业至16:00~17:30，周一休馆。樱花祭期间公园内有美食零售。公园于每年7月中旬至8月初举办江户趣味纳凉大会之夏日祭典，水上音乐堂之户外舞台举办音乐及戏剧表演，公园内也有巡游表演、盂兰盆舞、古物市集、江边放灯等活动（图5-36）。

图 5-36　公园活动——餐饮服务（戈晓宇 摄）

5.10 美国纽约布莱恩特公园

项目名称　布莱恩特公园
项目所在地　美国纽约市
建成时间　1992年
项目类型　改造提升项目
基本情况　公园总面积39 000m^2，其中硬质空间占比45%，草坪空间占比55%，建筑用地占比20%

5.10.1 公园概述

布莱恩特公园紧邻纽约公共图书馆，公园总面积约39 000m^2。

20世纪初布莱恩特公园发生了大量的犯罪现象。1986年，设计师以城市规划师和社会学家威廉·怀特（William H. Whyte）关于布莱恩特公园的报告为指导，将公园改造成一个安全而充满活力的城市中心。公园再次开放后，犯罪行为逐渐减少，公园中用餐、交流的人数逐渐增多，更新后的布莱恩特公园得到了市民、游客和媒体的广泛好评。

在更新改造中，设计师修改并增加了入口、坡道、楼梯和人行道，改造中将铁篱和多年生草本、常绿灌木移除，增加高大的乔木栽植。行人的视线可直接穿入公园，而里面的人们也可以看到街道上的交通情况。

5.10.2 开放共享功能

布莱恩特公园的社会环境在1992年4月修复完成后的几天内发生了变化。1992年5月《纽约时报》曾报道："公园曾经是被遗弃者、毒贩和吸毒者的家园，现在这里挤满了上班族、购物者、婴儿车和隔壁纽约公共图书馆的读者。"

公园草坪举办音乐会、表演、电影放映和滑冰等活动。售卖亭提供食品和饮料，为游客提供便利（图5-37）。

布莱恩特公园改造后新增了2000把可移动的椅子，公园也因此称作"椅子公园"。在北部的公共阅读室中，公众可免费取阅图书和杂志。

5.10.3 绿色低碳生活

公园中央草坪也得到了充分利用：春夏时节是人们集会、休憩的好去处，游客可以利用大草坪开展各类活动，如瑜伽、放风筝等；到了冬天，大草坪变成了滑冰场，为人们提供免费的滑冰场地，成为儿童和青年的天堂。

公园还承办纽约时尚周、夏季电影节和早安美国等系列活动。现在这里已成为纽约人钟爱的免费滑冰场、露天电影院和歌剧院。

中央草坪电影

草坪休憩

图 5-37　草坪上的活动（戈晓宇　摄）

5.10.4　公园运营管理

布莱恩特公园持续稳定的收入确保了公园的维护和护理，以及其在环境、经济和社会方面的可持续性（图5-38）。

经济可持续性是布莱恩特公园的标志。布莱恩特公园由一家非营利性的私人公司管理，该公司的成立最初是为了筹集修复公园所需的资金。该公司负责公园的养护和维护，资金全部来自私人资金，其中很大一部分来自当地商人、业主和市民。这是全美利用私人资金管理公共公园的最大组织。

2023年，布莱恩特公园的年支出为2547.3万美元，年收入为2556.3万美元，年净利润为9万美元。

户外茶座

户外电影放映

图 5-38　运营活动（戈晓宇 摄）

小　结

一个公园的成长要经历被人认可、逐步接纳、互相适应的过程，最终融入老百姓的生活中，本章选择了多例建成年代久远的公园进行介绍，以期为公园开放共享提供实例和借鉴。随着人们对绿色空间需求的转变，公园也在不断调整自身的功能。

思考题

1. 什么是开放共享空间适宜的尺度?
2. 开放共享空间需要什么类型的服务功能和设施?
3. 开放共享空间如何更好地适应多样人群的多种诉求?

拓展阅读

1. 外部空间设计. 芦原信义. 江苏凤凰文艺出版社，2017.
2. 景观之想象. 詹姆斯·科纳. 中国建筑工业出版社，2021.

参考文献

北京龙潭中湖公园[EB/OL]. [2021-10-21]. http://www. archina. com/index. php?g=works&m=index&a=show&id=10479.

本刊编辑部，2020. 深圳市香蜜公园建设项目[J]. 住宅与房地产（8）：22-23.

丁乐琪，李超，李雪莲，2023. 基于CiteSpace的疗愈环境舒适度设计国际研究趋势展望[J]. 运筹与模糊学，13（4）：3536-3546.

东京都建设局. 上野恩赐公园Ueno Park[EB/OL]. https://www. kensetsu. metro. tokyo. lg. jp/jimusho/toubuk/ueno/kouenannai. html.

方小山，梁颖瑜，2014. 英国郊野公园规划设计探析[J]. 中国园林，30（11）：40-43.

高峰，2021. 论足球场草坪的养护与管理——评《草坪建植与养护管理技术》[J]. 林业经济，43（8）：103.

光明日报. 让绿色低碳生活蔚然成风[EB/OL].https://news.cctv.com/2024/01/26/ARTIzIxc28fgtcqt1eItuzX0240126.shtml.

国家发展和改革委员会. [2016-04-26].《关于印发促进消费带动转型升级行动方案的通知（发改综合〔2016〕832号）》[EB/OL]. https://www.ndrc.gov.cn/fzggw/jgsj/zhs/sijudt/201604/t20160426_973746.html.

国家发展和改革委员会. [2022-06-19].《关于做好盘活存量资产扩大有效投资有关工作的通知》[EB/OL]. https://www.gov.cn/zhengce/zhengceku/2022-07/02/content_5698939.htm.

国家发展和改革委员会、自然资源部、住房和城乡建设部. [2022-02-28].《成都建设践行新发展理念的公园城市示范区总体方案》[EB/OL]. https://www.gov.cn/zhengce/zhengceku/2022-03/17/5679468/files/07812ad7bbcc4cf2b52d681b57310419.pdf.

国家发展和改革委员会. 为什么强调生态产品价值实现. https://www.ndrc.gov.cn/xwdt/ztzl/jljqstcpjzsxjz/zjjd/202203/t20220330_1321277.html.

国家林业和草原局.[2022-05-09].公民绿色低碳行为相关导则发布[EB/OL].https://www.forestry.gov.cn/search/21231

国务院. [2015-02-02].中华人民共和国国务院令第100号令《城市绿化条例》[EB/OL]. http://app.yunxiqu.gov.cn/2238/2248/2505/2514/26625/content_345203.html.

郭艳丽，2022. 10. 17. 收藏！二十大报告最全摘引来了[N]. 经济日报.

淮安市人民政府网. [2023-11-15]. 我市努力打造一批具有“淮安印记”的特色乐享区域[EB/OL]. http://www. huaian. gov. cn/col/16657_173466/art/16987680/1700034322200iPpKd60e. html.

黄如良，2015. 生态产品价值评估问题探讨[J]. 中国人口·资源与环境，25（3）：26-33.

景观中国网. [2003-03-04]. 上海市园林设计院中标北京朝阳公园规划设计方案[EB/OL]. http://www.landscape. cn/news/8612. html.

克莱尔·库珀·马库斯，卡罗琳·弗朗西斯，2001. 人性场所：城市开放空间设计导则[M]. 北京：中国建筑工业出版社.

李宏伟，薄凡，崔莉，2020. 生态产品价值实现机制的理论创新与实践探索[J]. 治理研究，36（4）：34-42.

李倞，吴佳鸣，汪文清，2022. 碳中和目标下的风景园林规划设计策略[J]. 风景园林，29（5）：45-51.

李雄，2021-07-23. 北京市多尺度绿色空间的格局与服务[N]. 风景园林城市绿化.

风景园林杂志. [2021-07-06]. LA聚焦|李雄.公园体检——助力城市公园系统更新[EB/OL].https://mp.weixin.qq.com/s/fl0usA1xaGyuxBzWHWgNiA .

李雨晴原创声明. [2023-08-10]. 漫步亮马河畔，寻找城市中的惬意自然[EB/OL]. https://www.visitbeijing. com. cn/article/4E4JzVExHFk.

联合国. 即刻行动简介[EB/OL]. https://www. un. org/zh/actnow/about.

联合国. 为健康的地球采取行动[EB/OL]. https://www. un. org/zh/actnow/ten-actions.

廖茂林，潘家华，孙博文，2021. 生态产品的内涵辨析及价值实现路径[J]. 经济体制改革（1）: 12-18.

林伯强，2022. 碳中和进程中的中国经济高质量增长[J]. 经济研究，57（1）: 56-71.

临沂市人民政府网. [2023-04-19]. 临沂市城市管理局关于印发临沂市城市公园绿地开放共享试点建设实施方案的通知[EB/OL]. https://www. linyi. gov. cn/info/3442/352046. htm.

刘保艳，汪民，黄伊伟，等，2014. 从布莱恩特公园议城市公园中持续生机的创造[J]. 国际城市规划，29（3）: 126-130.

刘长松，2020. 气候变化背景下风景园林的功能定位及应对策略[J]. 风景园林，27（12）: 75-79.

刘江宜，牟德刚，2020. 生态产品价值及实现机制研究进展[J]. 生态经济，36（10）: 207-212.

龙潭中湖公园. [2024-05-11]. 龙潭中湖公园欢迎您[EB/OL]. https://mp. weixin. qq. com/s/muIsSQEk1uq_MLTM0rKPCg.

潘家华，2020. 生态产品的属性及其价值溯源[J]. 环境与可持续发展，45（6）: 72-74.

彭强. [2023-12-05]. 扩大公园绿地开放共享，不断实现人民对美好生活的向往[R]. 北京市园林绿化局.

钱永生，柴明良，张晓勤，2009. 浅析草坪的养护与管理[J]. 北方园艺（12）: 207-210.

人民网. [2022-07-07]. 做绿色低碳生活方式的践行者[EB/OL]. http://opinion. people. com. cn/n1/2022/0707/c1003-32468145. html.

沈辉，李宁，2021. 生态产品的内涵阐释及其价值实现[J]. 改革（9）: 145-155.

苏晓梦，王华，2012. 休闲经济背景下的桂林城市公园公共服务体系构建[J]. 现代经济（现代物业中旬刊）(5): 64-66.

苏州市园林和绿化管理局. 2024. 02. 01. 苏州市城市公园绿地开放共享技术指引[R].

天门市城市管理执法局. [2023-04-11]. 天门市城市公园绿地开放共享试点工作实施方案[EB/OL]. https://www. tianmen. gov. cn/zwgk/bmhxzxxgkml/bm/scsglzfj/zfxxgk/fdzdgknr/gysyjs/szfw/csyllh/202304/t20230412_4620567. shtml.

王清洁，2018. 市政公园品质建设之行政策略探析——以深圳香蜜公园为例[J]. 中国园林，34(S2): 15-21.

王维奇，刘晨晖，陈延菲，等，2023. 公园城市目标下城市公园绿地开放共享理念的核心要义和科学路径[J]. 风景园林，30（11）: 28-34.

魏岩，2020. 园林植物栽培与养护[M]. 北京：中国科学技术出版社.

文化和旅游部，中央文明办，发展改革委，等. [2022-11-21]. 关于推动露营旅游休闲健康有序发展的指导意见[EB/OL]. https://www. gov. cn/zhengce/zhengceku/2022-11/21/content_5728152. htm.

文旅北京. [2021-12-12].《文化京津冀》系列专题片“北京游乐园”升级成“龙潭中湖公园”，北京又多了这一城市休闲新去处[EB/OL]. https://mp. weixin. qq. com/s/nmB5WVBgHqv--xXiTH6oAw.

习近平. 2019. 11. 03. 人民城市人民建，人民城市为人民[N]. 新华社.

香蜜公园 - 城市公园 - 深圳市城市管理和综合执法局网站（sz. gov. cn）.

邢灿.《国土空间规划城市体检评估规程》发布 我国城市将每年定期“体检”[N]. 中国城市报. 2021-07-19（A3）.

幸福福田. [2023-12-29]. 元旦起开放，福田免费露营公园+1[EB/OL]. https://mp. weixin. qq. com/s/af68glUlHRghKcTUL8zASw.

阎姝伊，李晓溪，李婷，等，2024. 开放共享背景下城市公园绿地建设举措与路径探索[J]. 风景园林，31（2）：12-18.

叶洁楠，章烨，王浩，2021. 新时期人本视角下公园城市建设发展新模式探讨[J]. 中国园林，37（8）：24-28.

余思奇，朱喜钢，孙洁，等，2020. 美国城市公园评价体系的内容、应用及启示——以ParkScore指数为例[J]. 中国园林，36（3）：103-108.

曾贤刚，虞慧怡，谢芳，2014. 生态产品的概念、分类及其市场化供给机制[J]. 中国人口・资源与环境，24（7）：12-17.

张二进，2023. 回顾与展望：我国生态产品价值实现研究综述[J]. 中国国土资源经济，36（4）：51-58，81.

张静，张巨明，2010. 低养护草坪草种研究进展[J]. 草业科学，27（7）：35-40.

张全洲，2016. 浅析北京地区园林景观中草坪景观的营造及养护技术[J]. 林产工业，43（10）：52-55.

张永生，2022. 生态环境治理：从工业文明到生态文明思维[J]. China Economist，17（2）：2-26.

中共四川省委四川省人民政府. [2022-11-04].《关于支持成都建设践行新发展理念的公园城市示范区的意见》[EB/OL]. https://scjgj. sc. gov. cn/scjgj/c104474/2020/12/31/fb92969bf0d9464dbbd0431ce08a6ac5.shtml.

中共中央办公厅，国务院办公厅. [2021-04-26].《关于建立健全生态产品价值实现机制的意见》[EB/OL]. https://www. gov. cn/zhengce/2021-04/26/content_5602763. htm.

中华人民共和国住房城乡建设部. [2016-06-30].《城市公园配套服务项目经营管理暂行办法》[EB/OL]. https://www. gov. cn/gongbao/content/2016/content_5086360. htm.

中国城市规划设计研究院. 2024. 01. 12. 中国主要城市公园评估报告（2023年）[R].

中国共产党新闻网. [2023-01-12]. 提升生态系统多样性、稳定性、持续性（认真学习宣传贯彻党的二十大精神）[EB/OL]. http://theory. people. com. cn/n1/2023/0112/c40531-32604697. html.

中国建设新闻网. [2023-02-28]. 共享美好空间——城市公园绿地开放共享试点探索[EB/OL]. http://www.chinajsb.cn/html/202302/28/32247.html .

中国政府网. [2019-09-24]. 王毅在联合国气候行动峰会上的发言（全文）[EB/OL]. https://www. gov.cn/guowuyuan/2019-09/24/content_5432532. htm.

中国政府网. [2021-09-22]. 中共中央 国务院关于完整准确全面贯彻新发展理念做好碳达峰碳中和工作的意见[EB/OL]. https://www. gov. cn/gongbao/content/2021/content_5649728. htm.

中国政府网. [2023-12-27]. 中共中央 国务院关于全面推进美丽中国的建设意见[EB/OL]. https://www.gov. cn/gongbao/2024/issue_11126/202401/content_6928805. html.

中国政府网. [2024-01-20]. 国家发展改革委 河北省人民政府关于推动雄安新区建设绿色发展城市典范的意见：发改环资〔2024〕73号[EB/OL]. https://www. gov. cn/zhengce/zhengceku/202402/content_6930958. htm.

中华人民共和国建设部. [2005-02-02]. 关于加强公园管理工作的意见[EB/OL]. https://www. mohurd. gov. cn/gongkai/zhengce/zhengcefilelib/200502/20050217_157122. html.

中华人民共和国建设部. [2007-05-09]. 关于加快市政公用行业市场化进程的意见[EB/OL]. http://www. yzcetc. com/yzcetc/showinfo/showinfo. aspx?infoid=0fd73391-53be-4ddd-85fa-78101a6f6b4c.

中华人民共和国住房和城乡建设部. [2013-05-10]. 关于进一步加强公园建设管理的意见[EB/OL]. https:// www. mohurd. gov. cn/gongkai/zhengce/zhengcefilelib/201305/20130510_213673. html.

中华人民共和国住房和城乡建设部. [2018-06-01]. 城市绿地分类标准（CJJ/T 85—2017）.

中华人民共和国住房和城乡建设部. 2019. 园林绿化养护标准：CJJ/T 287—2018[S]. 北京：中国建筑工业出版社.

中华人民共和国住房和城乡建设部. [2019-02-28]. 住房城乡建设部关于发布行业标准《园林绿化养护标准》的公告[EB/OL]. https://www. mohurd. gov. cn/gongkai/zhengce/zhengcefilelib/201902/20190228_239604. html.

中华人民共和国住房和城乡建设部. [2023-01-31]. 住房和城乡建设部办公厅关于开展城市公园绿地开放共享试点工作的通知：建办城函〔2023〕31号[EB/OL]. https://www. mohurd. gov. cn/gongkai/zhengce/zhengcefilelib/202302/20230206_770204. html.

中华人民共和国住房和城乡建设部. [2023-03-01]. 共享美好空间——城市公园绿地开放共享试点探索[EB/OL]. https://www. mohurd. gov. cn/xinwen/dfxx/202303/20230301_770492. html.

中华人民共和国住房和城乡建设部. [2023-10-08]. 全国城市公园绿地开放共享工作现场会在合肥召开[EB/OL]. https://www. mohurd. gov. cn/xinwen/jsyw/202310/20231008_774382. html.

中华人民共和国住房和城乡建设部. [2023-11-20]. 住房城乡建设部关于《城市公园管理办法（征求意见稿）》公开征求意见的通知[EB/OL]. https://www. mohurd. gov. cn/gongkai/zhengce/zhengcefilelib/202311/20231116_775156. html.

中华人民共和国住房和城乡建设部. [2023-12-22]. 全国住房城乡建设工作会议在京召开：夯实基础　深化改革　推动住房城乡建设事业高质量发展再上新台阶[EB/OL]. https://www. mohurd. gov. cn/xinwen/gzdt/202312/20231222_775920. html.

中华人民共和国中央人民政府. [2021-02-22]. 国务院关于加快建立健全绿色低碳循环发展经济体系的指导意见[EB/OL]. https://www. gov. cn/zhengce/content/2021-02/22/content_5588274. htm.

中华人民共和国中央人民政府. [2021-10-27]. 中国应对气候变化的政策与行动[EB/OL]. https://www. gov. cn/zhengce/2021-10/27/content_5646697. htm.

中华人民共和国中央人民政府. [2023-01-19]. 新时代的中国绿色发展[EB/OL]. https://www. gov. cn/zhengce/2023-01/19/content_5737923. htm.

住房和城乡建设部办公厅. 2023-01-31. 住房和城乡建设部办公厅关于开展城市公园绿地开放共享试点工作的通知[R].

朱怡心原创声明. [2022-09-02]. 来龙潭中湖公园，感受京城“潮”运动[EB/OL]. https://www. visitbeijing. com. cn/article/49UTUnl9vCO.

宗敏，彭利达，孙旻恺，等，2020. Park-PFI制度在日本都市公园建设管理中的应用——以南池袋公园为例[J]. 中国园林，36（8）: 90-94.

Bryant Park Corporation. Management+Board[EB/OL]. https://bryant park. org/about-us/management-and-board.

BYRNE J A，LO A Y，JIANJUN Y，2015. Residents’ understanding of the role of green infrastructure for climate change adaptation in Hangzhou，China[J]. Landscape and Urban Planning，138：132-143.

CARR S，1992. Public space [M]. Cambridge：Cambridge University Press.

GOOD DESIGN AWARD.（2017-10-04）. Minami-Ikebukuro Park[EB/OL]. https://www. g-mark. org/en/gallery/winners/9de70a7d-803d-11ed-af7e-0242ac130002?text=Minami-Ikebukuro+Park.

Landscape Plus Ltd.（2020-06-13）. 南池袋公園[EB/OL]. https://www. landscape-plus. co. jp/minamiikebukuro.

LIVE JAPAN Perfect Guide.（2020-05-14）. 东京・上野恩赐公园的四季《春・夏・秋・冬》迷人赏花风情及活动相关信息[EB/OL]. https://livejapan. com/zh-cn/in-tokyo/in-pref-tokyo/in-ueno/article-a0003134/

THOMPSON W，1997. The Rebirth of New York City's Bryant Park[M]. Washington，DC：Spacemaker Press .

SHEPPARD S R J，2015. Making climate change visible：A critical role for landscape professionals[J]. Landscape and Urban Planning，142：95-105.

WIKIPEDIA.（2024-03-19）. 上野公园[EB/OL]. https://zh. wikipedia. org/wiki.